Hakan Eraslan

Hidrojel Uygulamalarının Fide Kalitesi ve Verim Üzerine Etkisi

Hakan Eraslan

Hidrojel Uygulamalarının Fide Kalitesi ve Verim Üzerine Etkisi

Türkiye Alim Kitapları

Impressum / Künye
Bibliografische Information der Deutschen Nationalbibliothek: Die Deutsche Nationalbibliothek verzeichnet diese Publikation in der Deutschen Nationalbibliografie; detaillierte bibliografische Daten sind im Internet über http://dnb.d-nb.de abrufbar.

Deutsche Nationalbibliothek tarafından yayınlanan bibliyografik bilgiler: Deutsche Nationalbibliothek, bu yayını Deutsche Nationalbibliografie'de listeler; detaylı bibliyografik bilgi İnternet'te http://dnb.d-nb.de sitesinde mevcuttur.

Coverbild / Kitap kapağı resmi: www.ingimage.com

Verlag / Yayıncı:
Türkiye Alim Kitapları
ist ein Imprint der / yayınevinin bir ticari markasıdır
OmniScriptum GmbH & Co. KG
Bahnhofstraße 28, 66111 Saarbrücken, Deutschland / Almanya
Email / E-posta: info@omniscriptum.com

Herstellung: siehe letzte Seite /
Basım yeri: son sayfaya bakın
ISBN: 978-3-639-81400-2

Zugl. / Approved by: Çanakkale, Çanakkale Onsekiz Mart Üniversitesi, 2015

TEŞEKKÜR

Çalışma konusunun seçilmesinden sonuçlanmasına kadar çalışmam boyunca sabır ve hoşgörüyle yardımlarını esirgemeyen saygı değer danışman hocam Yrd. Doç. Dr. Canan ÖZTOKAT KUZUCU'ya,

Yüksek lisans eğitimim boyunca bilgi ve deneyimleriyle bana yol gösteren Bahçe Bitkileri Bölüm Başkanı Sayın Prof. Dr. Kenan Kaynaş'a,

Katkıları için Yrd. Doç. Dr. Murat TEKİNER'e ve Yrd. Doç. Dr. Burcu Begüm KENANOĞLU'na

Deneme sürecinde ve laboratuvar çalışmalarımda yardımcı olan tüm arkadaşlarıma,

Ve bugünlere gelmemi sağlayan, maddi ve manevi desteklerini bir an olsun esirgemeyen annem Gülcan ERASLAN ve babam Cevat ERASLAN'a sonsuz teşekkürlerimi sunarım.

Hakan ERASLAN

Çanakkale, Ağustos 2015

SİMGELER VE KISALTMALAR

cm	santimetre
%	yüzde
°C	santigrat derece
g/l	gram/ litre
lt	litre
mm^2	milimetrekare
ml	mililitre
g	gram
da	dekar
Ö.D.	önemli değil
St. Sp.	standart sapma
max	maksimum
min	minimum
ort	ortalama
lt	litre

ÖZET

HİDROJEL UYGULAMALARININ TOPRAKSIZ TARIMDA BAZI SEBZE TÜRLERİNDE FİDE KALİTESİ VE VERİM ÜZERİNE ETKİSİ

Bu çalışma, 2015 yılında Çanakkale Onsekiz Mart Üniversitesi Bahçe Bitkileri Bölümü'ne ait araştırma ve uygulama serasında gerçekleştirilmiştir. Çalışmada hidrojelin domates, hıyar, karpuz fidelerinin yetiştiriciliğinde ve ayrıca örtü altı domates üretiminde yetiştirme ortamı olarak kullanılabilirliğinin değerlendirilmesi amaçlanmıştır.

Her iki deneme de tesadüf blokları deneme desenine göre 3 tekerrürlü olarak kurulmuştur.

Fide denemesinde yetiştirme ortamları; %100 torf (kontrol) , %20 hidrojel + %80 torf, %40 hidrojel + %60 torf, %60 hidrojel +%40 torf, %80 hidrojel + %20 torf şeklinde.

Topraksız tarım domates denemesinde yetiştirme ortamları; 16 lt perlit (kontrol), 14 lt perlit + 2 lt hidrojel, 12 lt perlit + 4 lt hidrojel, 10 lt perlit + 6 lt hidrojel, 8 lt perlit + 8 lt hidrojel şeklinde gerçekleştirilmiştir.

Deneme sonucunda fidelerde; biyo kütle, fide boyu, gövde çapı, kök boğazı çapı, gövde boyu, kök boyu, çıkış gücü, çıkış hızı, klorofil miktarı, yaprak rengi, yaprak alanı, yaprak oransal nem içeriği özellikleri; örtü altı domates çalışmasında bitki başına verim ve bitki başına meyve sayısı özellileri değerlendirilmiştir.

Elde edilen sonuçlara göre fidelerde hidrojel uygulamasının çıkış hızı, çıkış oranı, yaprak alanı özelliklerinde olumsuz sonuçlar verdiği; domates fidelerinde biyo kütle, hıyar fidelerinde renk özelliği haricinde olumlu sonuç vermediği görülmüştür.

Örtü altı domates yetiştiriciliğinde hidrojelin verim ve meyve sayısına olumlu ya da olumsuz bir etkisi görülmemiştir.

Anahtar sözcükler: Hidrojel, Fide, Domates, Karpuz, Hıyar

ABSTRACT

EFFECT OF HYDROGEL APPLICATIONS ON SEEDLING QUALITY AND YIELD OF SOME VEGETABLES SPECIES IN SOILLES

This research was carried out in greenhouse of department of horticulture, in Canakkale Onsekiz Mart University, in 2015. In research was aimed to evaluate of availability of hydrogel as a growing media for tomato, cucumber, watermelon seedlings as well as tomato production.

Both experiments were established in a randomized complete block design with 3 repetitions.

Growing mediums for seedling experiment; %100 peat (control) , %20 hydrogel + %80 peat, %40 hydrogel + %60 peat, %60 hydrogel +%40 peat, %80 hydrogel + %20 peat. Growing mediums for tomato experiment; 16 lt pearlite (control), 14 lt pearlite + 2 lt hydrogel, 12 lt pearlite + 4 lt hydrogel, 10 lt pearlite + 6 lt hydrogel, 8 lt pearlite + 8 lt hydrogel.

As a result of study was evaluated for seedling's features; biomass, seedling length, body diameter, root collar diameter, body length, root lenght, germination speed, germination rate, chlorophyll content, leaf colour, leaf area, leaf proportional water concent. For tomato production; yield and fruit quantity features.

According to the obtained results hydrogel had negative effect for germination speed, germination rate and leaf area in all seedling; had not possitive effect expect for tomato seedling's biomass and cucumber seedling's leaf colour.

In tomato experiment, hydrogel had not positive or negative effect on yield and fruit quantity.

Keywords: Hydrogel, Seedling, Tomato, Watermelon, Cucumber

İÇİNDEKİLER

Sayfa No

ŞEKİLLER DİZİNİ

Sayfa No

ÇİZELGELER DİZİNİ

Sayfa No

BÖLÜM 1
GİRİŞ

Sebzecilikte hazır fideden yetiştiricilik günümüzde yaygın olarak kullanılan bir yöntemdir. Fide ile yapılan üretimde tohumdan üretime göre, yetiştirme dönemi daha iyi değerlendirilir, istenilen özellikte ve sağlıklı bitkiler üretilir. İşçilik masrafları azalır ve genel olarak girdide tasarruf sağlanır. Kalite ve verim yüksek olur (Gençtan ve ark., 2004).

Erken hasat, yerden tasarruf, enerjiden tasarruf sebze fidelerinin yetiştirilmesinde bazı nedenlerdendir. Fide dikimi tohum ekimine göre 30 ile 50 gün arasında erken ürün elde etmeyi sağlamaktadır. Bunun dışında bir dönem içerisinde arka arkaya sebze türlerini yetiştirme olanağı sağladığından dolayı yerden tasarruf elde edilmektedir. Aynı zamanda tohumdan fide haline gelene kadar geçecek sürede yapılan işlemler de ortadan kalktığı için iş gücü yani enerji tasarrufu da sağlamaktadır (Günay, 1992).

Türkiye'de ilk olarak topraklı ticari fide üretimi 1990'lı yılların başlarında başlamıştır. Öncelikle küçük çaplı üretimlerle başlamış, ardından üreticiden gelen talebin kısa sürede artmasıyla beraber Antalya'da ve Bursa'da sanayi tipi domates fidesi üreten büyük kapasiteli firmaların kurulması ve faaliyete başlamasıyla devam etmiştir (Tandoğan, 2000).

2008 yılında kurulan Fide Üreticileri Alt Birliği (Fidebirlik)'nde 2015 yılı itibariyle 95 sebze fidesi, 6 çilek fidesi üretim kuruluşu bulunmaktadır (fidebirlik.org.tr, 2015). 2013 yılı sonu itibariyle fide sektöründe üretilen sebze ve çilek fidesi miktarı 3,5 milyar dolaylarında olduğu düşünülmektedir. 2012 yılına göre sebze fidesi üretiminde ilk sırayı %41.2 ile domates almaktadır. Hıyar fidesi üretimi tüm sebze üretiminin %5'ini, karpuz fidesi üretimi ise %2.9'unuoluşturmaktadır (Yelboğa, 2014). 2012 yılına ait sebze fidesi üretiminin türlere göre dağılımı Çizelge 1.1'de verilmiştir.

Çizelge 1.1. 2012 yılına ait sebze fideleri üretiminde türlerin payı (Yelboğa, 2014)

Sebze Türü	(%)
Domates	41.2
Biber	10.4
Hıyar	5.0
Patlıcan	3.0
Karpuz	2.9
Kavun	2.0
Kabak	0.1
Lahana	10.5
Marul	13.5
Çilek	10.6
Diğer	0.8

Türkiye'de örtü altı yetiştiriciliği genellikle ilave ısıtma yapılmadan, iklim avantajlarının kullanılmasıyla gerçekleştirilmektedir. Ancak bunun yanında toprak yorgunluğu ve toprak dezenfeksiyonu üretimi kısıtlayan faktörlerin başında gelmektedir (Yücel ve ark., 1998; Kurt ve ark., 2002).

Toprak dezenfeksiyonu için yakın geçmişe kadar en çok kullanılan kimyasal, metil bromitti. İlerleyen zamanlarda bu kimyasalın neden olduğu zararların ortaya çıkmasıyla birlikte kullanımı yasaklanmıştır. Bunlar, toprakta ve yeraltı sularında brom birikimi, ozon tabakasının delinmesi, insan ve çevre sağlığına zararları gibi olumsuz etkileri olarak sayılabilir. Bu kimyasalın yasaklanmasının ardından, dayanıklı çeşitlerin kullanımı, solarizasyon, buharlı dezenfeksiyon ve topraksız ortamda yetiştiricilik gibi uygulamalar önem kazanmaya başlamıştır (Tüzel ve Özçelik, 2004).

Topraksız tarım başlangıçta seralarda başlamıştır. Hatta günümüzde birçok Avrupa ülkesi ve Japonya'da seralarda topraklı tarım kullanılmıyor denebilir. Topraksız tarımın öncelikle örtü altında başlamasının nedenleri arasında; seralarda sıcaklık kontrolünün yapılabilmesi, su kayıplarının ve buharlaşmanın azaltılabilmesi, topraksız bitkilerin birçok olumsuz dış etkenden daha kolay korunabilmesi sayılabilir (Sevgican, 2003).

Diğer yandan, ülkemizde 2014 yılı içerisinde sofralık ve sanayi domatesi üretimi 11.850.000 ton olup, 3.285.570 tonu örtü altı üretimidir. Başka bir deyişle Türkiye'de domates üretiminin %27.7'si örtü altında yapılmaktadır (TÜİK, 2015).

Yine ülkemizde örtü altı sebze üretiminin %43.8'ini domates oluşturmaktadır. Onu sırasıyla hıyar, biber, karpuz, patlıcan, kabak, kavun ve fasulye izlemektedir (Tüzel ve ark., 2008).

Suda şişebilen, çapraz bağlı polimerik yapılar, hidrojeller olarak adlandırılır. Bir ya da daha çok sayıda monomerin polimerizasyon reaksiyonu ile hazırlanırlar. Ana zincirler arasında hidrojen bağları veya van der waals etkileşimleri gibi bağlanmalar bulunmaktadır (Gümüşderelioğlu, 2002). Hidrojeller, yüksek miktarda suyu emebilen, suda çözünmeyen ve üç boyutlu hidrofilik ağ yapılı polimerlerdir. Bu ağ yapısı; homopolimer ve kopolimerlerin kimyasal veya fiziksel çapraz bağlanmasıyla oluşturulurlar. Bu çapraz bağlanma için sisteme polimer zincirlerini birbirine bağlayabilecek kimyasal madde ilave edilip reaksiyona sokulur ya da polimer zinciri üzerindeki moleküller arası etkileşmelerle (hidrojen bağı, dipol etkileşimleri...) zincirler arası bağlanmalar gerçekleşir. Böylece suda çözünmeyen ama suyu bünyesinde hapsedebilen bir yapıya sahip olurlar (Ratner ve Hoffman 1976, Peppas va ark., 2000).

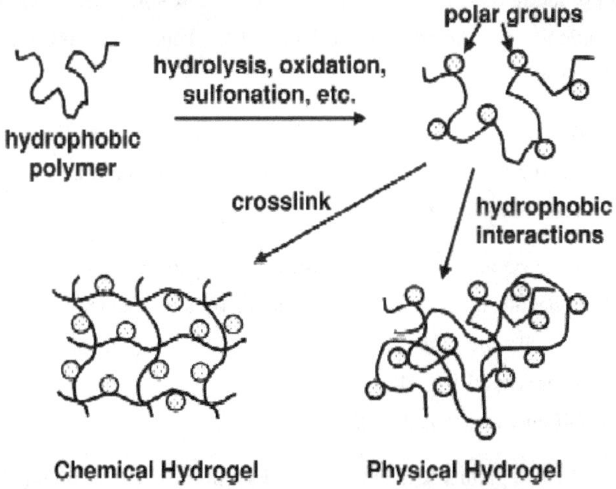

Şekil 1.1. Hidrojel oluşumu (Hoffman, 2002)

Hidrojeller absorbladıkları maksimum su tutma kapasitesine şişme denge değeri (r) ve bünyesinde tuttuğu suyu ortama verdiği karakteristik sıcaklığa da faz geçiş sıcaklığı adı verilmektedir. Ortam sıcaklığı faz geçiş sıcaklığının altında olduğunda hidrojeller suyu tutarken, faz geçiş sıcaklığının üstünde ise suyu ortama vermektedirler (Altay, 2010).

Bres ve Weston (1993)'a göre; hidrojellerin yetiştirme ortamlarına katılmasının su tutma kapasitesini artırdığını, sulama frekansını azalttığını, toprak tekstürünü iyileştirdiğini, su infiltrasyonunu azalttığını, su kaynaklı erozyonu engellediğini bildirmişlerdir. Yetiştirme ortamlarına hidrojellerin eklenmesi, ortamın fiziksel özelliklerini iyileştirmektedir (Bowman et. al., 1990).

Ancak bunun dışında hidrojellerin bitki büyümesine etkili olmadığını, hatta olumsuz etkilerinin de bulunduğunu savunan araştırmalar da mevcuttur. Örneğin, Taylor ve Halfacre (1986), yaptıkları çalışmalarda yetiştirme ortamlarındaki yüksek konsantrasyonlarda bulunan hidrojellerin bitki büyümesine olumsuz etki ettiğini bildirmektedir. Gübreler ile karıştırılan hidrojellerin günümüzde su ve besin maddesi alımını artırmak için kullanılmaktadır. Ancak gübreler ile karışımlar hidrojellerin hidrasyon miktarlarını önemli seviyede azaltmaktadır (Bowman ve ark, 1990; Foster ve Keever, 1990). Diğer yandan, hidrojeller üreticilerinin farklı olmasından dolayı ve denemelerde kullanılan farklı gübrelerin içindeki iyonlardan ve kimyasallardan da etkilenebilmektedir (James ve Richards, 1986; Wang, 1987). Bu durum Taylor ve Halfacre (1986) tarafından şöyle açıklanmaktadır. Hidrojeller nem ihtiyacının azaltılması için kullanılabilirler. Ancak ortamın su tutma kapasitesi, eklenen gübreler sonucunda, azalabilmektedir.

Bu konuda yapılan çalışmalarda hidrojellerin genellikle bitki gelişimine etkisi incelenmiştir ancak, hidrojellerin yetiştirme ortamının fiziksel özellikleri üzerine olan etkisi yeterince açık değildir (Wang ve Gregg, 1990).

Torf, suyun bol oksijenin kısıtlı olduğu sınırlı ayrışma ortamında bitki artıklarının birikimiyle oluşmuş, ayrışmaya uğramamış ya da kısmen ayrışmış jeolojik kökenli bir organik maddedir (Demiral, 2000). Torf, kök çevresindeki toprağın nem ve oksijenini düzenleyerek bitki için ideal bir gelişim ortamı sağlayan organik bir toprak düzenleyicidir (Demirkıran ve Cengiz, 2011).

Perlit, öğütülerek 1000°C'ye kadar ısıtılmış, beyaz renkli, hafif ve tanecikli yapı haline getirilmiş, volkanik orijinli alüminyum silikattır. Yüksek sıcaklığa maruz bırakıldığı için steril olup, suyu iyi drene edebilmesi, iyi havalanması ve bitkinin kullanabileceği şekilde suyu ve bitki besin maddelerini tutabilmesi sebebiyle topraksız tarım için idealdir (Varış, 1991).

Suyun öneminin her geçen gün arttığı bu zamanda, daha önceki çalışmalarda hidrojelin iyi bir su tutucu olduğu tespit edilmiştir (Bres ve Weston, 1993; Altay, 2010). Hidrojelin, fide üretiminde belli oranlarda torf ile karıştırılarak yetiştirme ortamı olarak kullanılabilirliği ve örtü altı domates üretiminde perlit ile belirli oranlarda karıştırılarak yetiştirme ortamı olarak kullanımının verime etkisini araştırmak amacıyla bu çalışma gerçekleştirilmiştir.

BÖLÜM 2
ÖNCEKİ ÇALIŞMALAR

2.1. Fide Yetiştiriciliği İle İlgili Önceki Çalışmalar

Akbaşak ve Koral (2014), yaptıkları çalışmada öğütülmüş ve öğütülmemiş çeltik kavuzu ile bu ortamların torfla kombinasyonlarının hıyar fidesi üretiminde kullanım olanaklarını araştırmışlardır. Denemede ortam olarak; %100 öğütülmemiş çeltik kavuzu (NÇK), %100 öğütülmüş çeltik kavuzu (ÖÇK), %50 NÇK + %50 torf, %25 NÇK + %75 torf, %25 ÖÇK + %75 torf, %50 ÖÇK + %50 torf, %25 süper iri perlit + %75 torf (kontrol) kullanılmıştır. En iyi sonuçlar gövde çapı, gerçek yaprak sayısı, fide uzunluğu, yaprak alanı ve kök uzunluğunda kontrol karışımından; fide genişliği, fide ağırlığı, kök ağırlığı ve köklü fide ağırlığında %25 NÇK + %75 torf karışımından alınmıştır. %100 NÇK ortamı çıkış oranı dışındaki tüm özelliklerde en düşük değerleri vermiştir.

Çinkılıç (2008), hıyar fidesi üretiminde torfa alternatif olabilecek cibre ve cüruf ortamlarının kullanılma olanaklarını araştırmıştır. Araştırmada fide yetiştirme ortamı olarak normal cibre, normal cibre + %25 süper iri perlit, öğütülmüş cibre + %25 süper iri perlit, cüruf + %25 süper iri perlit, torf + %25 süper iri perlit ve torf kullanılmıştır. En iyi sonuçlar gövde çapı, gerçek yaprak sayısı, fide ağırlığı, fide genişliği, yaprak boyu ve yaprak genişliğinde, öğütülmemiş cibre + %25 süper iri perlit karışımından; fide boyu, köklü fide boyu, kök ağırlığı, köklü fide ağırlığı ve kök uzunluğunda ise torf + %25 süper iri perlit karışımından alınmıştır. Yanmış kömür artığı olan cüruf ise tüm fide özellikleri yönünden en kötü sonuçları vermiştir.

Türkiye'de çeşitli bölgelerde bulunabilecek orman toprağı, doğal torf, odun külü, kömür tozu, tavuk gübresi, koyun gübresi, sığır gübresi, bahçe toprağı, fındık zurufu gibi bazı materyallerin yanı sıra hazır ticari torf ve perlit gibi materyallerin karışımından oluşan ortamların bazı sebzelerde fide yetiştirme ortamı olarak kullanılabilirliği araştırılmıştır. Bitki türü olarak domates, biber, patlıcan ve hıyar kullanılmıştır. Çalışmada orman toprağı ve torflu materyallerin karışımları yetiştirme ortamı olarak kullanılabilir olduğu sonucuna varılmıştır (Demirsoy, 2004).

Tütün atığından elde edilen kompostun değişik organik ve inorganik materyaller ile karıştırılarak fide yetiştiriciliğinde kullanılabilirliğinin belirlenmesi amaçlanmıştır. Bu amaçla tütün atığından elde edilen kompost; torf, perlit, pomza taşı, ahır gübresi ve bıldırcın gübresi ile karıştırılmış ve kontrol uygulaması olarak torf kullanılmıştır.

Hazırlanan ortamlarda bitki türü olarak domates, biber, patlıcan ve hıyar fideleri yetiştirilmiştir. Deneme sonucunda en uygun yetiştirme ortamı olarak torf belirlenmiştir (Durukan, 2004).

Erzincan Bahçe Kültürleri Araştırma Enstitüsü'nde Safir F1 sırık domates çeşidi fideleri üzerinde yapılan çalışmada; ticari bir torf materyali kontrol olarak kullanılmış, konu olarak Erzincan, Erzurum ve Van yörelerinden elde edilen torf materyalleri ile fide kalitesi ve seraya dikilen bitkilerin verim özellikleri incelenmiştir. Fide özellikleri bakımından en yüksek çıkış oranı, en uzun fide boyu, en kalın gövde çapı, en yüksek bitki kuru ağırlığı kontrol materyalinde elde edilmiştir (Ece ve Ulukan, 2011).

2.2. Domates ve Önemiyle İlgili Önceki Çalışmalar

Domatesin orijini, başta Peru olmak üzere Güney Amerika'nın batı sahilleridir. Buralarda halen domatesin yabani çeşitleri görülmektedir (Tigchelaar, 1986; Carelli ve ark., 2006). And dağlarının batı sahilleri boyunca ilerleyip, kuzeyde Ekvator, güneyde ise Şili'ye kadar yayılmışlardır. Ayrıca bu yabani çeşitler Ekvator açıklarındaki Galapagos Adaları'nda da bulunmaktadır (Vural ve ark., 2000).

Domatesin Türkiye'ye girip kültürünün başlaması ise 1900'lü yıllara dayandığı ve Adana'dan girdiği bildirilmektedir (Vural ve ark., 2000; Günay, 2005).

Domatesin kültürünün bu şekilde geç başlamasının nedeni, bir zamanlar zehirli olduğunun düşünülmesi ve tüketimine korkuyla bakılmasıdır (Günay, 2005). Ayrıca domatesin de dahil olduğu Solanaceae familyası içerisinde bulunan birçok zehirli tür bulunmakta ve domates bu türlerle görünüş itibariyle benzerlik göstermektedir. Toksik etkiye neden olan ve bu familyaya dahil tüm bitkilerde bulunan solanin, alkaloit bir maddedir (Tigchelaar, 1986).

2013 verilerine göre domates üretimi bakımından Çin ilk sırada gelmektedir. Onu Hindistan ve ABD takip etmektedir. Türkiye ise bu sıralamada 4. sırada olup Avrupa'da ise ilk sırada yer almaktadır (FAO, 2013).

Diğer yandan domates aynı zamanda Türkiye gıda sanayinin işlemeye başladığı ilk ürünlerden birisi konumundadır (Vural, 1998; Vural ve ark., 2000). İlk olarak 1970'lerde domates salçası üretimiyle başlayıp günümüzde soyulmuş, püre ve kübik kesilmiş şekilde de işlemlere tabi tutulup üretilmektedir (Vural, 1998; Grandillo ve ark., 1999).

Domates ayrıca, sebze türleri içerisinde üzerinde en yoğun araştırmaların yapıldığı ve en yeni moleküler genetik tekniklerin uygulama alanı bulduğu bir tür olarak da bilinmektedir (Grandillo ve ark., 1999).

2.3. Hidrojel ile İlgili Önceki Çalışmalar

Glutaraldehit çapraz bağlayıcısı kullanılarak sentezlenen bir seri jelâtin/kitosan hidrojelin tarımsal amaçlı kullanılabilirliği araştırılmış ve jelâtin/kitosan oranları değiştirilerek hazırlanan 15 tür hidrojel örneklerinin jelleşme yüzdeleri ve şişme/bozulma davranışları incelenmiş, üretilen tüm hidrojel türlerinin yüksek değerlerde jelleşebildikleri ve jelleşme oranlarının kitosan artışı ile birlikte düştüğü gözlemlenmiştir. Hidrojel pH=7.0'da zamana karşı şişme davranışları incelenmiş ve yaklaşık 24 saatte denge şişme değerine ulaştığı gözlenip kitosan miktarı arttıkça şişme değerlerinin azaldığı ve 30°C, pH=7.0'da en çok şişen hidrojelin jelâtin miktarı fazla olan jel olduğu saptanmıştır. Hidrojellerin şişme davranışlarının sıcaklıkla değişimi sabit pHda 4-50 °C arasında olduğu, sıcaklık artışıyla şişme değerlerinin arttığı ve 40°C'de en yüksek değerine ulaştığı gözlenmiştir. Hidrojel örneklerinin şişme davranışlarının pH ile değişimi incelenmiştir. Hidrojellerin düşük pH değerlerinde çok şiştiği, pH arttıkça şişme değerlerinin düştüğü ve pH=5.0'da yeniden yükseldiği gözlenmiştir (Ekmekçi ve Pulat, 2012).

Johnson ve Piper (1996)' a göre sentetik hidrojeller, yüksek su tutma kabiliyeti ve yüksek nem saklama özelliği ile kurak ortamlarda, kaba ve kumlu topraklarda bitkilerin büyüme ve üretimine yarar sağlamaktadır. Hidrojel uygulaması organik ve kumlu yetiştirme ortamlarında, kuru ağırlık ve meyve üretimine olumlu etkide bulunmaktadır.

Altay (2010), hidrojelin şişme ve büzülme davranışını incelemek için %0, %0.5, %1, %2 ve %4'lük KNO_3 çözeltileri distile su ile 500 ml hazırlanmıştır. Farklı yüzdelerde hazırlanmış KNO_3 çözeltisi ihtiva eden 1 litrelik kapaklı plastik kaplara içerisinde belirli ağırlıkta hidrojel bulunduran kapaklı plastik süzgeçler konulmuştur. Elde edilen sistemde, çeşitli sıcaklıklarda (10-20-30-40-50-60-70-80°C) her sıcaklık değerinde 1 gün dengeye gelmesi beklenmek suretiyle hidrojelin gravimetrik ölçümleri yapılmıştır. Örnekler bu zaman sonunda absorbe ettikleri suyun yarısını bile ortama vermemişlerdir. Bunun sebebinin, hidrojelin homopolimer yapıda olmasından kaynaklandığı tahmin edilmektedir. Dolayısıyla su moleküllerinin ortamdan ayrılması oldukça zor olmaktadır. İzah edilen nedenlerden dolayı hidrojellerin faz geçiş sıcaklıkları (LCST – Lower Critical Solution Temperature) fiziksel olarak tespit edilememiştir. Ancak örneklerin şişme denge değerlerine bakılarak ortamdaki tuz miktarının arttıkça hidrojelin LCST sıcaklığının azaldığını söylemek mümkün olmuştur.

Domates bitkileri üzerinde hidrojellerin (G) organik kompost (OM) ile karıştırılarak uygulanmasının etkileri araştırılmıştır. Bu amaçla; Kontrol, 1 kg OM, 2 kg OM, 2 g G, 4 g G, 1 kg OM + 1 g G, 1 kg OM + 2 g G, 2 kg OM + 1 g G, 2 kg OM + 2 g G şeklinde bitkilerin bulunduğu toprağa 9 farklı uygulama yapılmıştır. Araştırma sonucunda en uygun karışımın 1 kg organik kompost + 2 g hidrojel (3 ton + 6 kg/da) olduğu görülmüş ve çalışmada organik kompost ile hidrojelin karıştırılarak toprağa verilmesinin faydalı olduğu saptanmıştır (El-Hady ve Camilia, 2006).

Hıyar bitkisi üzerinde yapılan bir araştırmada, bitki toprağına 3 farklı miktarda 2, 3 ve 4 g hidrojel ve 4 farklı miktarda sulama uygulaması yapılarak bitkinin su ihtiyacının yüzde 100, 85, 70 ve 50'si verilmiştir. Araştırma sonucunda, 2 g hidrojel (5 kg/da) uygulanarak %15, 3 g hidrojel (7.5 kg/da) uygulanarak ise %30'a kadar su tasarrufu ile daha karlı bir üretim gerçekleştirilebileceği gözlemlenmiştir (El-Hady ve Wanas, 2006).

Karnabahar bitkileri üzerinde yapılan çalışmada bitki toprağına 3 g/l hidrojel eklenip, %20 ve %50 su kesintisi yapılarak iki farklı sulama uygulaması yapılmıştır. Hidrojel uygulanan bitkilerde, kontrol bitkilerine göre; toprak üstü organların ağırlıklarının %17.3, kök ağırlıklarının %28.1, yaprak sayısının %7.9, toplam verimin ise %17.5 daha fazla olduğu görülmüştür (Koudela ve ark., 2011).

Bres ve Weston (1993), topraksız yetiştirme ortamına farklı oranlarda, farklı hidrojel markalarını ekleyerek bunun amonyum nitrat, su tutma ve fide gelişimi üzerine etkilerini araştırmışlardır. Hydro Source ve Agri-gel markaları, 1:1:1 oranlarındaki torf, perlit, vermikülitten oluşan ortama 1, 2, 3 g/l oranlarında, 0.88 g amonyum nitrat gübresiyle beraber eklenmiştir. Yetiştirme ortamı tarafından su tutma, eklenen jel ile doğrusal olarak artmıştır ve genellikle Hydro Source, Agri-gel'e göre daha etkili olmuştur. Eklenen nitratın %90 ila %96'sı, amonyumun ise %33 ila %55'i drenajdan geri kazanılmıştır. Nitrat ve amonyum tutulması her iki jelde de 3 g/l oranında diğer oranlara ya da kontrole göre daha fazla görülmüştür. Hidrojel iyileşmesi fide gelişimine etkide bulunmamıştır.

4 farklı hidrojel (Agrosoke, Liqua-gel, Mizuace ve Terra-sorb HB) 4 farklı ortam iyileştirme materyaline (Micromax, Osmocote 18N-2.6P-IO.OK (18-6-12), alçıtaşı ve dolomitik kireçtaşı) ve bu materyallerinin karışımlarına eklenerek su tutma kapasiteleri incelenmiştir. Ligua-gel eklenmiş Osmocote haricinde 4 hidrojelli karışımda da diğer 4 iyileştirme materyaline göre daha düşük su tutma gözlenmiştir (Foster ve Keever, 1990).

El-Hady ve Tayel (1981), laboratuar koşullarında hidrojelin toprak-su ilişkileri üzerine etkilerini belirlemek için yaptıkları çalışmada, toprağa farklı oranlarda (%0, %0.05, %0.10, %0.15 ve %0.20) hidrojel ilave etmişlerdir. Araştırma sonucunda hidrojelin toprakta, toplam yer altı boşluklarını, mikro gözenekleri veya makro porları, su tutma gözeneklerini, su tutmayı, mevcut suyu ve hidrolik direncini arttırdığını, toprağın hacim ağırlığını, hızlı drenaj sağlayan gözeneklerini, hidrolik iletkenliğini, ortalama gözenek çapını, sızdırmayı ve buharlaşmayı da azalttığını saptamışlardır. Araştırmacılar, özellikle ekonomik değeri yüksek olan bitkilerde hidrojel gibi ürünlerin her koşul için denenmeden uygulanmaması gerektiğini de belirtmişleridir.

Hidrojel, serada kumlu toprakta her 100 g toprağa 0 g, 0.05 g, 0.10 g, 0.15 g ve 0.20 g olacak şekilde karıştırılarak mısır bitkisi yetiştiriciliğinde kullanılmıştır. Hidrojel uygulanan topraklarda üre ve fosfat aktivasyonu, N, P, K, Mn ve Zn alımları, su kullanım randımanı, çimlenme oranı, bitki boyu ve kuru madde miktarının arttığı belirlenmiştir (El-Hady ve ark., 1981).

Pakistan'da sera koşullarında acı kabak bitkisinde yapılan bir araştırmada, hidrojellerin (kemisol ve kurasol), toprağın su tutma kapasitesi ve verim parametreleri üzerine olan etkilerini belirlemek amacıyla yürütülmüştür. Bunun için on farklı konu (T1: kontrol, T2: %0.1 kemisol, T3: %0.2 kemisol, T4: %0.3 kemisol, T5: %0.1 kurasol, T6: %0.2 kurasol, T7: %0.3 kurasol, T8: %0.1 kemisol + %0.3 kurasol, T9: %0.2 kemisol + %0.2 kurasol ve T10: %0.3 kemisol + %0.1 kurasol) seçmiş ve bunlara gübre olarak 100-80-40 kg/ha N, P, K uygulanmıştır. Sonuçta, hidrojellerin her ikisi de kontrol konusuna göre önemli oranda daha fazla su tuttuğu ve vejetatif gelişmede de artış olduğu saptanmıştır (Naeem ve ark., 2004).

Barihi ve ark. (2013)' a göre, hidrojellerin kullanım boyutları, miktarları ve metotları hakkında değişik iklimlerde ve toprak tiplerinde çalışmaların sürdürülmesi gerekmektedir.

BÖLÜM 3
MATERYAL VE YÖNTEM

3.1. Materyal

3.1.1. Deneme alanının tanımı

Fide denemesi ilk etapta 22°C sabit sıcaklık ve günlük 16 saat 8000 lüks ışık ortamı bulunan Çanakkale Onsekiz Mart Üniversitesi Ziraat Fakültesi Bahçe Bitkileri Bölümü iklim odasında yürütülmüştür. Bitki çıkışlarının görülmesinden itibaren çalışma, Çanakkale Onsekiz Mart Üniversitesi Terzioğlu Yerleşkesi Bahçe Bitkileri Bölümü Uygulama ve Araştırma Serasında yürütülmüştür.

Şekil 3.1. Çanakkale Onsekiz Mart Üniversitesi Terzioğlu Yerleşkesi Bahçe Bitkileri Bölümü Uygulama ve Araştırma Serası

3.1.2. Fide denemesi kurulumu

Denemede, 70 hazneli ve her bir haznesi 50 ml hacminde olan plastik viyoller kullanılmıştır. Denemede domates, hıyar, karpuz türleri kullanmış ve her bitki türü için 5 konu, her konu için 3 tekerrür, her tekerrür için 1 viyol kullanılmıştır. Yetiştirme ortamı olarak kullanılacak olan hidrojelin maksimum genleşme miktarını test etmek için 24 saat su içerisinde bırakılmış ve 1 g hidrojelin 120 ml hacme kadar genleştiği saptanmıştır. Bu durum göz önünde bulundurularak belirlenen oranlarda torfla karıştırılmadan önce hidrojeller su içerisinde bir gün bekletildikten sonra ve suya tamamen doymuş durumdayken karışımlar hazırlanmıştır. Kullanılan torf ve doygun hidrojel miktarları aşağıdaki gibi düzenlenmiştir.

1 viyolün toplam hacmi: 70x50ml=3500 ml.

%100 torf: 3500 ml torf

%80 torf - %20 hidrojel: 2800 ml torf, 700 ml hidrojel

%60 torf - %40 hidrojel: 2100 ml trof, 1400 ml hidrojel

%40 torf - %60 hidrojel: 1400 ml torf, 2100 ml hidrojel

%20 torf - %80 hidrojel: 700 ml torf, 2800 ml hidrojel

Şekil 3.2. Kuru haldeki hidrojel

Şekil 3.3. Suyu bünyesine alarak genleşen hidrojel

3.1.3. Fide tohum kaynağı

Tohum kaynağı olarak karpuz için Unigen firmasından Crimson Sweet, hıyar için Balıkesir Tohumdan Beith Alpha, domates için Balıkesir Tohumdan H-2274 çeşitleri kullanılmıştır.

3.1.4. Fide denemesi tarım tekniği

Tohumların viyollere ekimi 11.02.2015 tarihinde yapılmıştır. Ekimler her bir viyol çukuruna bir tohum gelecek şekilde yapılmıştır. Bitki çıkışlarının başlamasından itibaren 20.02.2015 tarihinde viyoller seraya çıkarılmıştır. Tohum ekiminden sonra viyollerde sulama, suyla her viyole eşit şekilde yapılmıştır. 04.03.2015 tarihinden itibaren ise Day (1991)'e göre hazırlanan komple besin solüsyonu, suyla yarı yarıya seyreltilerek, her viyole 250 ml verilecek şekilde iki günde bir yapılmaya başlanmıştır. 19.03.2015 tarihinden itibaren sulama, 350 ml seyreltilmiş solüsyona çıkarılmış ve çalışmanın sonuna kadar bu şekilde devam etmiştir. Fungal hastalıklara önlem amacıyla 23.02.2015 tarihinden itibaren iki günde bir 3 g/l dozunda %50'lik bakır oksiklorür uygulaması yapılmıştır.

Şekil 3.4. %50'lik bakır oksiklorür uygulaması

Çizelge 3.1. Bitki beslemede kullanılan besin solüsyonu reçetesi (Day, 1991)

Element	mg/l	Kullanılan Kimyasal Kaynak
N	210 (240)*	Amonyum nitrat NH_4NO_3 (%33)
P	40	Fosforik asit H_3PO_4 (%85)
K	250 (300)*	Potasyum nitrat KNO_3 (%13 N, %46 K)
Ca	150**	Kalsiyum nitrat $5Ca(NO_3)2.NH_4NO_3.10H_2O$ (%15.5 N, %19 Ca)
Mg	50	Magnezyum sülfat $MgSO_4.7H_2O$ (%10 Mg)
Fe	2	Demir şelat Na_2.Fe-EDTA (%1.5Fe)
Zn	0.50	Çinko sülfat $ZnSO_4.7H_2O$
Mn	0.75	Mangan sülfat $MnSO_4.H_2O$
B	0.4	Borik asit H_3BO_3
Cu	0.10	Bakır sülfat $CuSO_4.5H_2O$
Mo	0.05	Amonyum molibdat $(NH_4)6Mo_7O_{24}.4H_2O$

3.1.5. Örtü altı domates denemesi kurulumu

Deneme, tesadüf parselleri deneme desenine göre, her konuda 3 tekerrür ve her tekerrürde 4 bitki olacak şekilde planlanmıştır. Denemede fide materyali olarak Durinta F1 çeşidi domates fideleri kullanılmıştır. Denemede yetiştirme ortamı olarak kontrol için perlit, uygulama konuları için ise suyla doygun hidrojel ve perlit belirli oranlarda karıştırılarak hazırlanmıştır. Kullanılan perlit ve suyla doygun hidrojel miktarları aşağıdaki gibi düzenlenmiştir.

16 lt perlit (kontrol)

14 lt perlit/2 lt hidrojel

12 lt perlit/4 lt hidrojel

10 lt perlit/6 lt hidrojel

8 lt perlit/8 lt hidrojel

Şekil 3.5. Örtü altı domates denemesi kurulumu

3.1.6. Örtü altı domates denemesi tarım tekniği

Domates fidelerinin saksılara dikimi 15.03.2015 tarihinde yapılmıştır. Dikimler her saksıda üç fide bulunacak şekilde yapılmıştır. Bitkilerde koltuk oluşumu başlamasından itibaren düzenli olarak koltuk budaması yapılmıştır. 05.04.2015 tarihinde malçlama ve ipe alma işlemleri gerçekleştirilmiştir. Sulama ise Şekil 3.5'te gösterildiği gibi Day (1991)'e göre hazırlanan komple besin solüsyonuyla her konuya eşit şekilde yapılmış olup başlangıçta her konuya günlük 37125 ml, ardından bitkilerin su ihtiyacının artmasıyla beraber 24.04.2015 tarihinde 61875 ml, 04.06.2015 tarihinde 86625 ml besin solüsyonu verilmeye başlanmıştır. Drenaj miktarları iki günde bir alınarak düzenli olarak kaydedilmiştir. Deneme süresince bitkilerde herhangi bir hastalık ya da zararlıya rastlanmamış ve bu yüzden hiçbir kimyasal ilaç uygulaması yapılmamıştır.

Şekil 3.6. Domateste meyve tutumu başladığı dönem

3.2. Yöntem

3.2.1. Fide biyokütlesi (%)

Domates ve hıyar fidelerinden her tekerrür için 10 adet, karpuz fidelerinden her tekerrür için 5 adet tesadüfen alınmıştır. Fideler, kök boğazından makas ile kesilerek toprak altı ve toprak üstü aksamları olarak ikiye ayırılarak ayrı ayrı hassas terazide yaş ağırlıkları alınmıştır. Yaş ağırlıkları alınan örnekler hava sirkülasyonlu 65°C sıcaklıktaki etüvde, sabit ağırlıklarına gelene kadar kurutulup, kuru ağırlıkları hassas terazide alınmıştır. Bitki kuru ağırlıkları, bitki yaş ağırlıklarına oranlanarak kuru madde oranları yüzde olarak saptanmıştır (Cachorro ve Cerda, 1994).

3.2.2. Fide boyu (cm)

Bitki boyları, domates ve hıyar için her tekerrürden tesadüfen alınan 10 bitkinin, karpuzda ise her tekerrürden tesadüfen alınan 5 bitkinin kökünden büyüme noktasına kadar olan uzunluğu cetvel ile ölçülmüştür.

3.2.3. Fide gövde çapı (cm)

Domates ve hıyarda her tekerrürden tesadüfen alınan 10 bitkinin, karpuzda ise her tekerrürden tesadüfen alınan 5 bitkinin gövde çapı kumpas ile ölçülmüştür.

3.2.4. Fide kök boğazı çapı (cm)

Domates ve hıyarda her tekerrürden tesadüfen alınan 10 bitkinin, karpuzda her tekerrürden tesadüfen alınan 5 bitkinin kök boğazı çapı kumpas ile ölçülmüştür.

3.2.5. Fide gövde boyu (cm)

Domates ve hıyarda her tekerrürden tesadüfen alınan 10 bitkinin, karpuzda her tekerrürden tesadüfen alınan 5 bitkinin toprak üstü aksamının uzunluğu cetvel ile ölçülmüştür.

3.2.6. Fide kök boyu (cm)

Domates ve hıyarda her tekerrürden tesadüfen alınan 10 bitkinin, karpuzda her tekerrürden tesadüfen alınan 5 bitkinin kökleri cetvel ile ölçülmüştür.

3.2.7. Çıkış gücü (%)

Tohumlarda ilk çıkışın görülmesini takiben 15 gün boyunca her gün çıkış yapan bitkiler sayılmıştır. 15 gün sonunda çıkış yapan bitkilerin sayısı, ekilen tohum sayısına oranlanarak her tekerrürün yüzde olarak çıkış gücü hesaplanmıştır.

3.2.8. Çıkış hızı (gün)

Tohumlarda ilk çıkışın görülmesini takiben 15 gün boyunca her gün çıkış yapan bitkiler sayılmıştır. Çıkış hızı Ellis and Roberts (1980)'e göre hesaplanmıştır.

$$\text{Çıkış Hızı} = \frac{\Sigma n(\text{Sayımın yapıldığı gün çıkış sayısı}) \times d(\text{Sayımın yapıldığı gün})}{\Sigma n\ (\text{Toplam çıkış sayısı})}$$

3.2.9. Fide klorofil miktarları (spad)

Klorofil miktarı ölçümü, her tekerrürden tesadüfen seçilen 10 bitkide tesadüfen seçilen birer yaprak üzerinde Konica Minolta Spad 502 plus klorofil metre cihazı ile yapılmış ve değerler spad birimiyle alınmıştır.

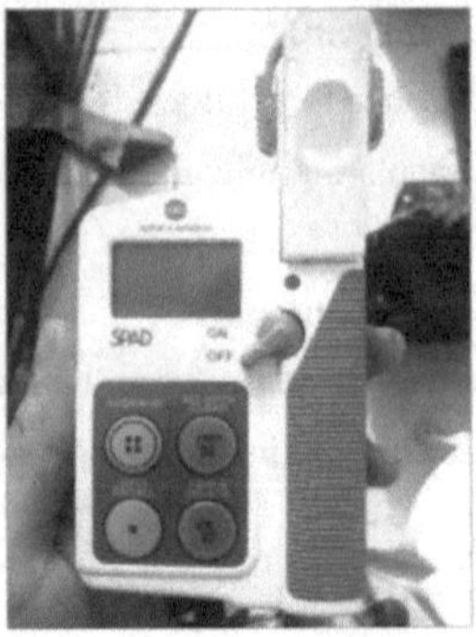

Şekil 3.7. Konica minolta spad 502 plus klorofil metre cihazı

3.2.10. Fide yaprak rengi (kroma, hue açısı)

Her tekerrürden tesadüfi olarak alınan 3 bitkinin yaprak rengi, Konica Minolta CR-400 chromameter ile L, a, b değerleri ölçülmüştür.

L değeri rengin açıklık veya koyuluğunu (siyah:0 beyaz:100), a ve b ise L'ye dik bir renk düzleminde rengi belirler. Eksenin tam ortasında renk (a:0, b:0) renksizdir. Yatay eksende pozitif a kırmızıyı, negatif a yeşili; dikey eksendeki pozitif b sarıyı ve negatif b ise maviyi göstermektedir (Şekil 3.10). A, b değerleri yardımı ile chroma ve hue açısı (0°: kırmızı-pembe, 90°: sarı, 180°:yeşil ve 270°: yeşil) değerleri tespit edilmiştir ve hesaplanmıştır (McGuire, 1992).

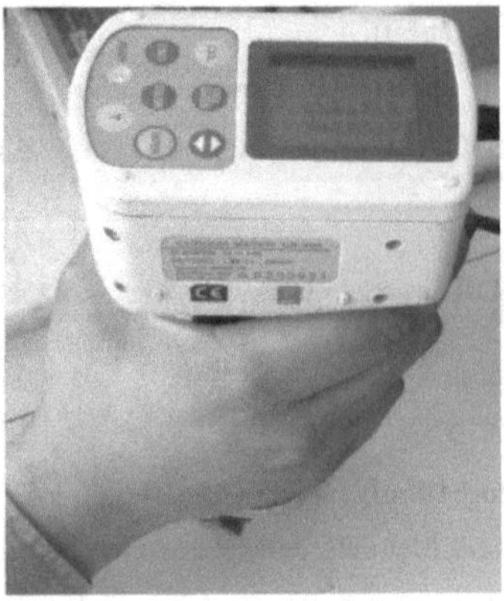

Şekil 3.8. Konica minolta cr-400 chromameter

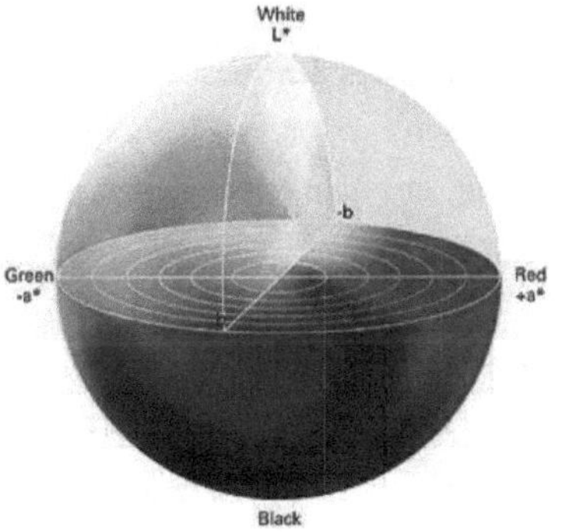

Şekil 3.9. Parlaklık diyagramı (Anonim, 2015)

3.2.11. Fide yaprak alanı (mm^2)

Yaprak alanı ölçümü için her tekerrürden tesadüfen 3 bitki alınmış ve yaprakları ayrılarak tarayıcıya yerleştirilmiştir. HP Laserjet M1132 MFP model tarayıcıda taranmış ve Leaf Area programı kullanılarak alanları hesaplanmıştır.

3.2.12. Fide yaprak oransal nem içeriği (%)

Yaprak oransal nem içeriği, Sanchez ve ark. (2004); Türkan ve ark. (2005)' na göre yapılmıştır. Her tekerrürden ikişer yaprak örnek alınmıştır. Yaprakların her birinin taze ağırlıkları hassas terazide tartılmış, ağırlıkları alınan yapraklar 6 saat süre ile saf su içerisinde bekletilmiş ve bu süre sonunda yine hassas terazide tartılarak turgor ağırlıkları saptanmıştır. Ağırlıkları belirlenen yaprak örnekleri 65°C etüvde 48 saat kurutulduktan sonra kuru ağırlık g olarak alınmıştır. Elde edilen yaş, turgor ve kuru ağırlıklar aşağıdaki formül yardımıyla yaprak oransal su içerikleri (%) hesaplanmıştır.

(TA-KA) / (TuA-KA) x 100

TA: Taze Ağırlık,

KA: Kuru Ağırlık,

TuA: Turgor Ağırlığı

3.2.13. Örtü altı domates denemesi bitki başına meyve sayısı (adet/bitki)

Konularda her tekerrürde hasat edilen meyveler sayılmış ve adet olarak alınmıştır. Elde edilen meyve sayısı bitki sayısına bölünerek bitki başına meyve sayısı tespit edilmiştir.

3.2.14. Örtü altı domates denemesi bitki başına verim (g/bitki)

Konularda her tekerrürde hasat edilen meyvelerin ağırlıkları elektronik tartıda ölçülerek g olarak alınmıştır. Elde edilen meyve ağırlıkları bitki sayısına bölünerek bitki başına verim tespit edilmiştir.

3.2.15. Sera içi sıcaklık değerleri

Çalışma süresince sera içi sıcaklığı, günlük minimum maksimum sıcaklığı kaydeden dijital termometre ile günlük olarak ölçülmüş ve kaydedilmiştir. Sera içerisinde genel anlamda bir ısıtma yapılmamıştır. Ancak bitkileri don zararından korumak amacıyla minimum sıcaklık değerinin 5°C'nin altına inmemesi amacıyla zaman zaman 2 adet 3 kw'lık fanlı elektrikli ısıtıcılar kullanılmıştır. Çalışma boyunca elde edilen günlük maksimum, minimum, ortalama sıcaklık değerleri Şekil 3.11'de verilmiştir.

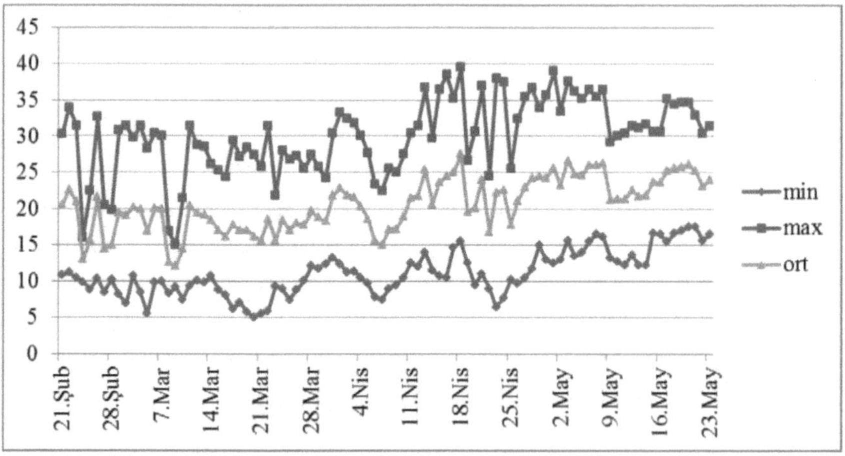

Şekil 3.10. Sera içi maksimum, minimum, ortalama sıcaklık değerleri

3.2.16. Verilerin istatistik analizi

İncelenen özellikler bakımından, farklı miktarlarda hidrojel içerisinde yetiştirilen bitkiler arasında önemli farklılıkların olup olmadığı varyans analizi ile belirlenmiştir. Önemli farklılıklarda grupların birbirinden ayrılması için 0,05 önemlilik seviyesinde Duncan testi kullanılmıştır. Tüm istatistik hesaplarda SPSS (versiyon 16.0) istatistik paket programı kullanılmıştır.

BÖLÜM 4
ARAŞTIRMA BULGULARI

Bazı sebze türlerinin fide yetiştirme ortamında, iyi bir su tutucu olduğu görülen hidrojelin (Ratner ve Hoffman 1976, Peppas va ark., 2000) ortam materyali olarak kullanılabilirliğinin değerlendirildiği bu çalışmada fidelerin gelişimleri gözlemlenmiş ve kalite özellikleri incelenmiştir.

Genel olarak bir değerlendirme yapıldığında, tüm sebze türlerinde hidrojelin fide kalitesine önemli bir derecede olumlu etkide bulunmadığı ve bununla birlikte ortamda bulunan hidrojel miktarı arttıkça bazı kalite özelliklerinde olumsuz etki yarattığı görülmektedir.

Örtü altı domates yetiştiriciliğinde ise drenaj miktarlarında iyi sonuçlar vermiş fakat verim üzerine olumlu bir etkisi görülmemiştir.

4.1. Domates Fidelerinin Gelişim ve Kalitelerine İlişkin Değerlendirmeler

Domates fidelerinde kök boyu açısından konular arasında istatistiki açıdan önemli bir farklılık bulunmamıştır. Ancak 10.23 cm ile en kısa kök boyu kontrol bitkilerinde tespit edilirken, en uzun kök boyu ise %80 hidrojel - %20 torf uygulamasında görülmüştür. Koudela ve arkadaşları (2011) karnabahar bitkileri üzerinde yaptıkları çalışmada hidrojel uygulanan bitkilerde kontrol bitkilerine nazaran kök ağırlıklarının %28.1 daha fazla olduğu görülmüştür. Çalışmamızda domates fidelerinin kök çapı ortalaması 10.89 cm olarak elde edilmiştir.

Domates fidelerinde gövde boyu yani toprak üstü aksamı boyu bakımından konular arasında istatistiki açıdan bir fark görülmemiştir. En uzun gövde boyu 12.92 cm ile kontrol bitkilerinde tespit edilirken, en kısa gövde boyu 10.71 cm ile %40 hidrojel - %60 torf uygulamasında görülmüştür. Domates fidelerinin gövde boyu açısından ortalaması 11.60 cm olarak elde edilmiştir.

Domates fidelerinde kök boğazı çapı bakımından konular arasında istatistiki açıdan herhangi bir farklılık görülmemiştir. Hatta Çizelge 4.1'de de görüleceği gibi kontrol bitkilerinden hidrojel uygulaması artışına doğru sırasıyla 0.41 cm, 0.40 cm, 0.37 cm, 0.39 cm, 0.40 cm şeklinde birbirine çok yakın değerler saptanmıştır. Domates fidelerinin kök çapı ortalaması 0.39 cm bulunmuştur.

Gövde çapı bakımından konular arasındaki fark istatistiki açıdan önemli bulunmuş ve konular 3 ayrı istatistiki grupta yer almıştır. En kalın gövde çapı kontrol bitkilerinde 0.34 cm değeri ile belirlenirken en ince gövde çapı değeri 0.29 cm ile %60 hidrojel - %40 torf uygulamasında görülmüştür. Gövde çapı özelliğinde domates fidelerinin ortalaması 0.32 cm olarak tespit edilmiştir.

Bitki boyu bakımından konular arasında istatistiki açıdan önemli bir farklılık bulunmamıştır. En yüksek bitki boyu 23.57 cm ile %20 hidrojel - %80 torf uygulamasındaki bitkilerde görülürken, en düşük bitki boyu 21.32 cm ile %40 hidrojel - %60 torf karışımında görülmüştür. Bitki boyu özelliğinde domates fidelerinin ortalaması 22.49 cm bulunmuştur.

Domates fidelerinde yaprak alanı bazında konular arasındaki fark istatistiki açıdan önemli bulunmuştur ve 3 farklı istatistiki grupta yer almışlardır. Çizelge 4.1'de de görüldüğü gibi en fazla yaprak alanı kontrol bitkilerinde 41386 mm^2 ile olup, hidrojel oranı arttıkça bu değer düşmüş ve %80 hidrojel - %20 torf uygulamasında 20510.33 mm^2 olarak tespit edilmiştir. Domates fidelerinin ortalama yaprak alanı ise 31400.33 mm^2 olarak bulunmuştur.

Yaprak oransal nem içeriği (YONİ) bakımından konular arasındaki fark istatistiki açıdan önemli bulunmuş ve konular 2 ayrı istatistiki grupta yer almıştır. En yüksek yaprak oransal nem içeriği %76.69 ile %80 hidrojel - %20 torf uygulamasında görülmüştür. En düşük yaprak oransal nem içeriği %58.15 ile kontrol bitkilerinde görülmüştür. Domates fidelerinin yaprak oransal nem içeriği bakımından ortalaması %67.04 olarak elde edilmiştir.

Çizelge 4.1. Hidrojel uygulamalarının domates fidelerinde bazı özellikler üzerine etkileri

Konu	Kök Boyu (cm)	Gövde Boyu (cm)	Kök Çapı (cm)	Gövde Çapı (cm)	Bitki Boyu (cm)	Yaprak Alanı (mm^2)	YONİ (%)
Kontrol	**10.23**	**12.92**	**0.41**	**0.34^{a}**	23.15	**41386^{a}**	**58.15^{b}**
%20 Hidrojel %80 Torf	11.27	12.30	0.40	0.33^{ab}	**23.57**	34415.33^{b}	60.94^{b}
%40 Hidrojel %60 Torf	10.61	**10.71**	**0.37**	0.32^{abc}	**21.32**	36850^{b}	67.13^{ab}
%60 Hidrojel %40 Torf	10.86	10.90	0.39	**0.29^{c}**	21.76	23840^{c}	72.46^{a}
%80 Hidrojel %20 Torf	**11.49**	11.16	0.40	0.31^{bc}	22.65	**20510.33^{c}**	**76.69^{a}**
Ortalama	10.89	11.60	0.39	0.32	22.49	31400.33	67.04
Önemlilik Derecesi	Ö.D.	Ö.D.	Ö.D.	*	Ö.D.	***	*
St. Sp.	0.77	1.28	0.02	0.02	1.48	8387.79	9.34

Gövde biyokütle değerleri bakımından konular arasındaki fark istatistiki açıdan önemli bulunmuştur. En yüksek biyokütle değeri %9.42 ile %80 hidrojel - %20 torf uygulamasında görülmüş olup, en düşük biyokütle değeri %8.25 ile kontrol bitkilerinde görülmüş ve konular 2 farklı istatistiki gruba ayrılmıştır. Domates fidelerinin gövde biyokütle değeri ortalaması %8.92 olarak elde edilmiştir.

Kök biyokütle değeri bakımından konular arasında istatistiki açıdan farklılık bulunmamıştır. En yüksek kök biyokütle değeri %3.83 ile kontrol bitkilerinde görülmüştür. En düşük kök biyokütle değeri %1.42 ile %80 hidrojel - %20 torf uygulamasında elde edilmiştir. Domates fidelerinin kök biyokütle değeri bakımından ortalaması %2.60 olarak tespit edilmiştir.

Klorofil miktarı bakımından konular arasında istatistiki açıdan bir farklılık bulunmamıştır. Değerler birbirine çok yakın olup en yüksek klorofil miktarı 35.41 spad ile kontrol bitkilerinde, en düşük klorofil miktarı ise 34.01 spad ile %20 hidrojel - %80 torf uygulamasında görülmüştür. Klorofil miktarı ortalaması domates fidelerinde 34.73 spad değerinde bulunmuştur.

Çıkış hızı bakımından konular arasındaki fark istatistiki açıdan önemli bulunmuştur. Konular 3 farklı istatistiki gruba ayrılmışlardır. En yüksek çıkış hızı 2.31 gün ile kontrol bitkilerinde görülmekte olup, en yavaş çıkış hızı ise 6.11 gün ile %40 hidrojel - %60 torf uygulamasında olmuştur. Domates fidelerinin çıkış hızı ortalaması 4.33 gün olarak elde edilmiştir.

Çıkış gücü bakımından konular arasında istatistiki açıdan farklılık bulunmuş olup konular 3 farklı istatistiki gruba ayrılmıştır. En yüksek çıkış gücü %70.95 ile kontrol bitkilerinde görülmüş, en düşük çıkış gücü ise %38.09 ile %60 hidrojel - %40 torf uygulamasında olduğu saptanmıştır. Domates fidelerinin çıkış gücü ortalaması ise %58.28 olarak elde edilmiştir.

Ölçülen hue açısı değerleri bakımından konular arasındaki farklılık istatistiki açıdan önemli bulunmamıştır. En yüksek hue açısı değeri -53.3 ile %40 hidrojel - %60 torf uygulamasında görülürken, en düşük hue açısı değeri -55.44 ile %80 hidrojel - %20 torf uygulamasında olduğu saptanmıştır. Hue açısı ortalama değeri ise -54.41 olarak elde edilmiştir.

Uygulamaya tabi tutulan bitkiler ve kontrol bitkileri arasında chroma değerleri bakımından istatistiki açıdan farklılık görülmüştür. Konular 2 farklı istatistiki gruba ayrılmıştır. Chroma değerleri yani diğer bir deyişle fide yapraklarının yeşil renk yoğunluğu bakımından en yüksek değer 31.79 ile %20 hidrojel - %80 torf uygulamasında, en düşük değer ise 23.26 ile %80 hidrojel - %20 torf uygulamasında elde edilmiştir. Domates fidelerinin chroma değeri ortalaması 28.25 olmuştur.

Çizelge 4.2. Hidrojel uygulamalarının domates fidelerinde bazı özellikler üzerine etkileri

Konu	Gövde Biyokütle (%)	Kök Biyokütle (%)	Klorofil (SPAD)	Çıkış Hızı (gün)	Çıkış Gücü (%)	Yaprak Rengi (Hue)	Yaprak Rengi (Chroma)
Kontrol	**8.25**^{a}	**3.83**	**35.41**	**2.31**^{a}	**70.95**^{a}	-53.56	30.07^{a}
%20 Hidrojel %80 Torf	9.16^{b}	2.76	**34.01**	3.76^{ab}	69.99^{a}	-54.83	**31.79**^{a}
%40 Hidrojel %60 Torf	8.54^{a}	3.23	34.56	**6.11**^{c}	54.75^{b}	**-53.31**	27.42^{ab}
%60 Hidrojel %40 Torf	9.25^{b}	1.79	35.25	4.30^{bc}	**38.09**^{c}	-54.91	28.75^{a}
%80 Hidrojel %20 Torf	**9.42**^{b}	**1.42**	34.45	5.20^{bc}	57.61^{ab}	**-55.44**	**23.26**^{b}
Ortalama	8.92	2.60	34.73	4.33	58.28	-54.41	28.25
Önemlilik Derecesi	**	Ö.D.	Ö.D.	*	**	Ö.D.	*
St. Sp.	0.53	1.38	1.99	1.53	14.03	1.45	4.10

Şekil 4.1. Domates fidelerinin görünümü

4.2. Karpuz Fidelerinin Gelişim ve Kalitelerine İlişkin Değerlendirmeler

Kök boyu özelliği bakımından karpuz fideleri içerisinde konular arasındaki fark, istatistiki açıdan önemli bulunmamıştır. En kısa kök boyu 9.80 cm ile kontrol bitkilerinde görülmüş olup, en uzun kök boyu 12.84 cm ile %80 hidrojel - %20 torf uygulaması yapılan bitkilerde görülmüş ve kök boyu hidrojel miktarı artışıyla paralel olarak artış göstermiştir. Karpuz fidelerinin kök boyu ortalaması 11.02 cm olarak elde edilmiştir.

Gövde boyu özelliği bakımından konular arasındaki fark istatistiki açıdan önemli bulunmuş ve konular iki ayrı istatistiki gruba ayrılmıştır. En uzun gövde boyu 7.87 cm ile kontrol bitkilerinde görülmüş, en kısa gövde boyu ise 5.46 cm ile %80 hidrojel - %20 torf uygulamasında olduğu tespit edilmiştir. Karpuz fidelerinin gövde boyu ortalaması ise 6.96 cm olarak elde edilmiştir.

Kök boğazı çapı bakımından konular arasındaki farkın istatistiki açıdan önemli olmadığı ve değerlerin birbirine çok yakın olduğu görülmüştür. En kalın kök boğazı çapı 0.54 cm ile %40 hidrojel - %60 torf uygulanan bitkilerde olduğu tespit edilmiştir. En ince kök boğazı çapı 0.46 cm ile %60 hidrojel - %40 torf uygulaması yapılan bitkilerde elde edilmiştir. Kök boğazı çapı bakımından ortalama 0.51 cm olarak tespit edilmiştir.

Gövde çapı bakımından konular arasındaki fark, istatistiki açıdan önemli görülmemiş olup değerler birbirine çok yakın bulunmuştur. En kalın gövde çapı 0.42 cm ile %40 hidrojel - %60 torf uygulamasında görülmüş olup en ince gövde çapı ise 0.35 cm ile %60 hidrojel - %40 torf uygulaması yapılan bitkilerde görülmüştür. Gövde çapı bakımından karpuz fidelerinin ortalaması ise 0.39 cm olarak elde edilmiştir.

Bitki boyu bakımından konular arasındaki fark istatistiki açıdan önemli bulunmamıştır. En uzun bitki boyu değeri 20.38 cm ile %20 hidrojel - %80 torf uygulaması yapılan bitkilerde görülmüştür. En kısa bitki boyu değeri ise 16.70 cm ile %80 hidrojel - %20 torf uygulaması yapılan bitkilerde tespit edilmiştir. Karpuz fidelerinin bitki boyu açısından ortalaması 18.24 cm olarak elde edilmiştir.

Bitki yaprak alanı bakımından konular arasındaki farklılık istatistiki açıdan önemli bulunmuştur. Konular 3 farklı istatistiki grupta yer almıştır. En yüksek yaprak alanı değeri 5752 mm^2 ile kontrol bitkilerinde görülmüştür. En düşük yaprak alanı değeri ise 1649.67 mm^2 ile %80 hidrojel - %20 torf uygulaması yapılan bitkilerde elde edilmiştir. Karpuz fidelerinin yaprak alanı bakımından ortalaması 3641.33 mm^2 olarak tespit edilmiştir.

Yaprak oransal nem içeriği bakımından konular arasında istatistiki açıdan farklılık bulunmamıştır. En yüksek yaprak oransal nem içeriği %84.90 ile %80 hidrojel - %20 torf uygulamasında görülmüştür. En düşük yaprak oransal nem içeriği %80.69 ile kontrol bitkilerinde görülmüştür. Karpuz fidelerinin yaprak oransal nem içeriği bakımından ortalaması ise %82.82 olarak elde edilmiştir.

Çizelge 4.3. Hidrojel uygulamalarının karpuz fidelerinde bazı özellikler üzerine etkileri

Konu	**Kök Boyu (cm)**	**Gövde Boyu (cm)**	**Kök Çapı (cm)**	**Gövde Çapı (cm)**	**Bitki Boyu (cm)**	**Yaprak Alanı (mm^2)**	**YONİ (%)**
Kontrol	**9.80**	**7.87^a**	0.52	0.39	18.46	**5752^a**	**80.69**
%20 Hidrojel %80 Torf	10.59	7.60^a	0.51	0.41	**20.38**	3377^b	83.38
%40 Hidrojel %60 Torf	11.24	6.46^b	**0.54**	**0.42**	18.52	4458.67^{ab}	83.76
%60 Hidrojel %40 Torf	11.35	7.65^a	**0.46**	**0.35**	17.15	2969.33^b	81.38
%80 Hidrojel %20 Torf	**12.84**	**5.46^b**	0.51	0.40	**16.70**	**1649.67^c**	**84.90**
Ortalama	11.02	6.96	0.51	0.39	18.24	3641.33	82.82
Önemlilik Derecesi	Ö.D.	*	Ö.D.	Ö.D.	Ö.D.	**	Ö.D.
St. Sp.	1.26	1.13	0.04	0.03	2.02	1551.86	4.40

Gövde biyokütle değeri bakımından konular arasında istatistiki açıdan önemli bir fark görülmemiştir. En yüksek gövde biyokütle değeri %12.72 ile %80 hidrojel - %20 torf uygulaması yapılan bitkilerde bulunmuştur. En düşük gövde biyokütle değeri %11.31 ile %20 hidrojel - %80 torf uygulaması yapılan bitkilerde elde edilmiştir. Karpuz fidelerinin gövde biyokütle değeri bakımından ortalaması ise %12.12 olarak tespit edilmiştir.

Kök biyokütle değeri bakımından konular arasında istatistiki açıdan farklılık bulunmamıştır. En yüksek kök biyokütle değeri %11.50 ile %80 hidrojel - %20 torf uygulanan bitkilerde bulunmuştur. En düşük kök biyokütle değeri %8.97 ile %20 hidrojel -

%80 torf uygulamasında elde edilmiştir. Karpuz fidelerinin kök biyokütle değeri bakımından ortalaması ise %10.31 olarak tespit edilmiştir.

Klorofil miktarı açısından konular arasındaki fark istatistiki açıdan önemli bulunmamıştır. En yüksek klorofil miktarı 56.72 spad ile kontrol bitkilerinden görülmüş olup, en düşük klorofil miktarı 48.80 spad ile %20 hidrojel - %80 torf uygulamasında görülmüştür. Karpuz fidelerinin klorofil miktarı bakımından ortalaması 51.73 spad olarak elde edilmiştir.

Çıkış hızı bakımından konular arasında istatistiki açıdan farklılık tespit edilmemiştir. Çıkış hızı en yüksek 4.56 gün ile %60 hidrojel - %40 torf uygulamasında görülmüştür. En düşük çıkış hızı 7.67 gün ile %40 hidrojel - %60 torf uygulamasında tespit edilmiştir. Karpuz fidelerinin çıkış hızı açısından ortalaması 6.38 gün olarak elde edilmiştir.

Çıkış gücü bakımından konular arasındaki farklılık istatistiki açıdan önemli bulunmuştur. Konular 3 farklı istatistiki gruba yerleşmişlerdir. En yüksek çıkış gücü %87.61 ile kontrol bitkilerinde olduğu tespit edilmiştir. En düşük çıkış gücü ise %30.93 ile %60 hidrojel - %40 torf uygulamasında görülmüştür. Çıkış gücü bazında karpuz fidelerinin ortalaması %53.42 olarak elde edilmiştir.

Hue açısı özelliği bakımından konular arasındaki fark istatistiki açıdan önemli bulunmuş ve konular 2 ayrı istatistiki grup içerisine yerleşmişlerdir. En yüksek hue açısı değeri -49.00 ile kontrol bitkilerinde görülmüştür. En düşük hue açısı değeri ise -52.79 ile %20 hidrojel - %80 torf uygulaması yapılan bitkilerde görülmüştür. Karpuz fidelerinin hue açısı bakımından ortalaması -51.48 olarak elde edilmiştir.

Chroma değeri bakımından konular arasındaki farklılık istatistiki açıdan önemli bulunmuş ve konular 2 ayrı istatistiki grup içerisinde yer almıştır. En yüksek chroma değeri 29.77 ile %20 hidrojel - %80 torf uygulaması yapılan bitkilerde görülmüştür. En düşük chroma değeri ise 20.44 ile kontrol bitkilerinde görülmüştür. Karpuz fidelerinin chroma değeri bakımından ortalaması 26.85 olarak elde edilmiştir.

Çizelge 4.4. Hidrojel uygulamalarının karpuz fidelerinde bazı özellikler üzerine etkileri

Konu	Gövde Biyokütle (%)	Kök Biyokütle (%)	Klorofil (SPAD)	Çıkış Hızı (gün)	Çıkış Gücü (%)	Yaprak Rengi (Hue)	Yaprak Rengi (Chroma)
Kontrol	11,86	9.52	**56,72**	6,35	**87,61^{a}**	**-49,00^{a}**	**20,44^{b}**
%20 Hidrojel %80 Torf	**11,31**	**8.97**	**48,80**	5,89	61,90^{b}	**-52,79^{b}**	**29,77^{a}**
%40 Hidrojel %60 Torf	12,58	10.55	51,06	**7,67**	40,47^{bc}	-51,63^{b}	27,88^{a}
%60 Hidrojel %40 Torf	12,13	11.03	49,18	**4,56**	**30,93^{c}**	-51,41^{b}	26,88^{a}
%80 Hidrojel %20 Torf	**12,72**	**11.50**	50,86	7,43	46,18^{bc}	-52,55^{b}	29,28^{a}
Ortalama	12,12	10.31	51,73	6,38	53,42	-51,48^{b}	26,85^{a}
Önemlilik Derecesi	Ö.D.	Ö.D.	Ö.D.	Ö.D.	**	*	*
St. Sp.	1.16	1.40	3.98	1.51	25.13	1.70	4.04

Şekil 4.2. Karpuz fidelerinin görünümü

4.3. Hıyar Fidelerinin Gelişim ve Kalitelerine İlişkin Değerlendirmeler

Hıyar fidelerinde kök boyu bakımından konular arasında istatistiki açıdan fark önemli bulunmamıştır. En uzun kök boyu 14.80 cm ile %80 hidrojel - %20 torf uygulaması yapılan bitkilerde görülmüştür. En kısa kök boyu ise 13.21 cm ile %60 hidrojel - %40 torf uygulamasında görülmüştür. Kök boyu açısından ortalama 13.96 cm olarak tespit edilmiştir.

Gövde boyu bakımından konular arasında istatistiki açıdan fark bulunmamıştır. En uzun gövde boyu 10.09 cm ile kontrol bitkilerinde görülürken, en kısa gövde boyu ise 6.47 cm ile %40 hidrojel - %60 torf uygulaması yapılan bitkilerde elde edilmiştir. Hıyar fidelerinin gövde boyu bakımından ortalaması 7.68 cm olarak tespit edilmiştir.

Kök boğazı çapı özelliği bakımından konular arasında istatistiki açıdan herhangi bir farklılık bulunmamıştır ve değerler birbirine oldukça yakın olduğu görülmüştür. En kalın kök çapı 0.38 cm ile %40 hidrojel - %60 torf uygulaması yapılan bitkilerde görülmüştür. En ince kök çapı değeri ise 0.33 cm ile %60 hidrojel - %40 torf uygulaması yapılan bitkilerde elde edilmiştir. Hıyar fidelerinin kök çapı bakımından ortalaması 0.35 cm olarak tespit edilmiştir.

Gövde çapı özelliği bakımından konular arasındaki farkın istatistiki açıdan önemli olduğu tespit edilmiştir. Konular iki ayrı istatistiki grupta yer almışlardır. En kalın gövde çapı 0.37 cm ile kontrol bitkilerinde görülmüştür. En dar gövde çapı ise 0.27 cm ile %60 hidrojel - %40 torf uygulaması yapılan bitkilerde elde edilmiştir. Hıyar fidelerinin gövde çapı bakımından ortalaması 0.32 cm olarak tespit edilmiştir.

Bitki boyu bakımından konular arasında istatistiki açıdan fark bulunmamıştır. En uzun bitki boyu 24.12 cm ile kontrol bitkilerinde görülmüştür. En kısa bitki boyu ise 20.44 cm ile %60 hidrojel - %40 torf uygulaması yapılan bitkilerde görülmüştür. Hıyar fidelerinin bitki boyu bakımından ortalaması 22.08 cm olarak elde edilmiştir.

Bitkilerin yaprak alanı özelliği bakımından konular arasındaki fark istatistiki açıdan önemli bulunmuştur. Konular üç farklı istatistiki grupta yer almıştır. En yüksek yaprak alanı 47877.33 mm^2 ile kontrol bitkilerinde görülmüştür. En düşük yaprak alanı ise 24619.67 mm^2 ile %80 hidrojel - %20 torf uygulaması yapılan bitkilerde görülmüştür. Hıyar fidelerinin yaprak alanı bakımından ortalaması 34205,27 mm^2 olarak elde edilmiştir.

Yaprak oransal nem içeriği bakımından konular arasında istatistiki açıdan bir farklılık bulunmamıştır. En yüksek yaprak oransal nem içeriği %79 ile %80 hidrojel - %20 torf uygulamasında görülmüştür. En düşük yaprak oransal nem içeriği %65.04 ile kontrol bitkilerinde görülmüştür. Hıyar fidelerinin yaprak oransal nem içeriği bakımından ortalaması ise %73.19 olarak tespit edilmiştir.

Çizelge 4.5. Hidrojel uygulamalarının hıyar fidelerinde bazı özellikler üzerine etkileri

Konu	Kök Boyu (cm)	Gövde Boyu (cm)	Kök Çapı (cm)	Gövde Çapı (cm)	Bitki Boyu (cm)	Yaprak Alanı (mm^2)	YONİ (%)
Kontrol	14.03	**10.09**	0.36	**0.37^{a}**	**24.12**	**47887.33^{a}**	**65.04**
%20 Hidrojel %80 Torf	13.73	7.23	0.35	0.33^{ab}	22.82	32365.67^{bc}	74.78
%40 Hidrojel %60 Torf	14.09	**6.47**	**0.38**	0.32^{b}	20.63	40025^{ab}	69.15
%60 Hidrojel %40 torf	**13.21**	7.23	**0.33**	**0.27^{c}**	**20.44**	26128.67^{c}	77.97
%80 Hidrojel %20 Torf	**14.80**	7.37	0.34	0.34^{ab}	22.17	**24619.67^{c}**	**79**
Ortalama	13.96	7.68	0.35	0.32	22.08	34205.27	73.19
Önemlilik Derecesi	Ö.D.	Ö.D.	Ö.D.	*	Ö.D.	**	Ö.D.
St. Sp.	1.00	1.66	0.03	0.04	1.93	10010.45	8.20

Gövde biyokütle değeri bakımından konular arasındaki fark istatistiki açıdan önemli bulunmuştur. Konular iki ayrı istatistiki grupta yer almıştır. En yüksek gövde biyokütle değeri %8.37 ile %40 hidrojel - %60 torf uygulaması yapılan bitkilerde görülmüştür. En düşük gövde biyokütle değeri ise %7.38 ile %60 hidrojel - %40 torf uygulaması yapılan bitkilerde görülmüştür. Hıyar fidelerinin gövde biyokütle değeri bakımından ortalaması %8.02 olarak tespit edilmiştir.

Kök biyokütle değeri bakımından konular arasında istatistiki açıdan bir farklılık bulunmamıştır. En yüksek kök biyokütle değeri %1.49 ile %40 hidrojel - %60 torf uygulamasında görülmüştür. En düşük kök biyokütle değeri %0.85 ile %80 hidrojel - %20 torf uygulamasında elde edilmiştir. Hıyar fidelerinin kök biyokütle değeri bakımında ortalaması ise %1.27 olarak elde edilmiştir.

Klorofil miktarı bakımından konular arasında istatistiki açıdan bir farklılık bulunmamıştır. En yüksek klorofil miktarı 46.33 spad ile kontrol bitkilerinde görülmüştür. En düşük klorofil miktarı 39.99 spad ile %80 hidrojel - %20 torf uygulaması yapılan bitkilerde elde edilmiştir. Hıyar fidelerinin klorofil miktarı bakımından ortalaması 42.87 spad olarak tespit edilmiştir.

Çıkış hızı bakımından konular arasındaki fark istatistiki açıdan önemli bulunmuştur. Kontrol konusu ile uygulama konuları 2 ayrı istatistiki gruba ayrılmıştır. En yüksek çıkış hızı 1.86 gün ile kontrol bitkilerinde görülmüştür. En düşük çıkış hızı ise 6.15 gün ile %40 hidrojel - %60 torf uygulamasında görülmüştür. Çıkış hızı bakımından hıyar fidelerinin ortalaması 4.71 gün olarak tespit edilmiştir.

Çıkış gücü bakımından konular arasındaki fark istatistiki açıdan önemli bulunmuştur. Konular 3 ayrı istatistiki grupta yer almıştır. En yüksek çıkış gücü %92.37 ile kontrol bitkilerinde görülmüştür. En düşük çıkış gücü ise %29.99 ile %20 hidrojel - %80 torf uygulamasında görülmüştür. Hidrojel uygulamasının çıkış gücünü olumsuz etkilediği tespit edilmiş ancak beklenmedik bir şekilde en çok etkilenme en az orandaki hidrojel uygulamasında görülmüştür. Hıyar fidelerinin çıkış gücü bakımından ortalaması %56.66 olarak elde edilmiştir.

Hue açısı özelliği bakımından konular arasındaki fark istatistiki açıdan önemli bulunmuş ve konular 2 ayrı istatistiki grupta yer almıştır. En yüksek hue açısı değeri -49.99 ile kontrol bitkilerinde elde edilmiştir. En düşük hue açısı değeri ise -52.79 ile %20 hidrojel - %80 torf uygulaması yapılan bitkilerde görülmüştür. Hıyar fidelerinin hue açısı değeri bakımından ortalaması ise -51.48 olarak tespit edilmiştir.

Chroma değeri bakımından konular arasındaki fark istatistiki açıdan önemli bulunmuş ve konular 2 ayrı istatistiki grupta yer almıştır. En yüksek chroma değeri 29.77 ile %20 hidrojel - %80 torf uygulaması yapılan bitkilerde görülmüştür. En düşük chroma değeri 20.44 ile kontrol bitkilerinde görülmüştür. Hıyar fidelerinin chroma değeri bakımından ortalaması ise 26.85 olarak tespit edilmiştir.

Çizelge 4.6. Hidrojel uygulamalarının hıyar fidelerinde bazı özellikler üzerine etkileri

Konu	Gövde Biyokütle (%)	Kök Biyokütle (%)	Klorofil (SPAD)	Çıkış Hızı (gün)	Çıkış Gücü (%)	Yaprak Rengi (Hue)	Yaprak Rengi (Chroma)
Kontrol	8.26^{a}	1.47	**46.33**	**1.86^{b}**	**92.37^{a}**	**-49.00^{a}**	**20.44^{b}**
%20 Hidrojel %80 Torf	8.32^{a}	1.46	41.77	5.53^{a}	**29.99^{c}**	**-52.79^{b}**	**29.77^{a}**
%40 Hidrojel %60 Torf	**8.37^{a}**	**1.49**	44.67	**6.15^{a}**	51.90^{bc}	-51.63^{b}	27.88^{a}
%60 Hidrojel %40 Torf	**7.38^{b}**	1.07	41.59	5.21^{a}	49.04^{bc}	-51.41^{b}	26.88^{a}
%80 Hidrojel %20 Torf	7.79^{ab}	**0.85**	**39.99**	4.80^{a}	59.99^{b}	-52.55^{b}	29.28^{a}
Ortalama	8,02	1.27	42,87	4,71^{a}	56,66	-51,48	26,85
Önemlilik Derecesi	*	Ö.D.	Ö.D.	*	**	*	*
St. Sp.	0.50	0.61	3.74	2.03	23.90	1.70	4.04

Şekil 4.3. Hıyar fidelerinin görünümü

4.4. Örtü Altı Domates Denemesinde Bitkilerin Verim ve Meyve Sayısına İlişkin Değerlendirmeler

Bitki başına verim bakımından konular arasında istatistiki açıdan bir farklılık bulunmamıştır. En yüksek bitki başına verim 2391.67 g ile kontrol bitkilerinde elde edilmiştir. En düşük bitki başına verim ise 1932.33 g ile 8 lt perlit/8 lt hidrojel uygulamasında görülmüştür. Bitki başına verim bakımından ortalama 2171.57 g olarak tespit edilmiştir.

Bitki başına meyve sayısı bakımından konular arasında istatistiki açıdan bir farklılık bulunmamıştır. En fazla bitki başına meyve sayısı 36 adet ile 14 lt perlit/2 lt hidrojel uygulamasında elde edilmiştir. En az bitki başına meyve sayısı ise 33.33 adet ile 8 lt perlit/8 lt hidrojel uygulamasında görülmüştür. Bitki başına meyve sayısı bakımından ortalama 34.64 adet olarak tespit edilmiştir (Çizelge 4.7).

Çizelge 4.7. Örtü altı domates denemesinde bitkilere ait bitki başına verim ve meyve sayısı özellikleri

Konu	Bitki Başına Verim (g/bitki)	Meyve Sayısı (adet/bitki)
16 lt perlit (Kontrol)	**2391.67**	35.67
14 lt perlit/2 lt hidrojel	2329.50	**36**
12 lt perlit/4 lt hidrojel	2083.33	33.67
10 lt perlit/6 lt hidrojel	2173.67	35
8 lt perlit/8 lt hidrojel	**1932.33**	**33.33**
Ortalama	2171.57	34.64
Önemlilik Derecesi	Ö.D.	Ö.D.
St. Sp.	361.74	3.77

4.5. Örtü Altı Domates Denemesinde Bitkilerin Drenaj Miktarlarına İlişkin Değerlendirmeler

Her konu için 10 günlük ortalama drenaj değerleri çizelge 4.8'de verilmiştir. İlk 10 günde en yüksek drenaj miktarı 14 lt perlit/2 lt jel, ikinci ve üçüncü 10 günde 12 lt perlit/4 lt jel, dördüncü 10 günde ise tekrar 14 lt perlit/2 lt jel uygulamasında görülmüştür. Beşinci ve altıncı 10 günde ise en yüksek drenaj miktarı 8 lt perlit/8 lt jel uygulamasında, yedinci ve sekizinci 10 günde ise 12 lt perlit/4 lt jel uygulamasında olduğu tespit edilmiştir.

Çizelge 4.8. Örtü altı domates denemesinde bitkilere ait 10 günlük ortalama drenaj değerleri

Tarih	**Sulama Miktarı (ml)**	**Drenaj Miktarı (ml)**				
		16 lt perlit	**14 lt perlit 2 lt hidrojel**	**12 lt perlit 4 lt hidrojel**	**10 lt perlit 6 lt hidrojel**	**8 lt perlit 8 lt hidrojel**
04.04-14.04	37125	**10404**	**16830**	13712	13160	12878
14.04-24.04	37125	**5890**	10018	**11148**	6284	9934
24.04-04.05	61875	6264	4904	**10040**	**4658**	8254
04.05-14.05	61875	6804	**12820**	5152	**4952**	5820
14.05-24.05	61875	**5220**	11020	11680	7820	**11980**
24.05-04.06	61875	**15200**	17960	17880	16020	**18260**
04.06-14.06	86625	19440	20360	**21760**	**18048**	19360
14.06-24.06	86625	21160	22360	**23800**	**20100**	20840
Ortalama	61875	**11297.75**	**14534**	14396.5	11380.5	13415.75

BÖLÜM 5
SONUÇLAR VE ÖNERİLER

Bitkisel üretimde sağlıklı ve verimli üretimin ilk kuralı, tohum ekimi ve tohumların uygun koşullarda çimlendirilmesi ile yüksek kaliteli çoğaltım materyali ile üretime başlamaktır. Bahçe bitkilerinde, küçük alanlarda yüksek maliyet ile ya da örtü altında yoğun bir emek ve maliyet kapsayan tarım kolu olarak yapılan sebze tarımında, yetiştiriciliğe sağlıklı ve kaliteli tohum ile kaliteli fide kullanarak başlamak büyük bir önem taşır. Diğer yandan, günümüzde örtü altı tarımı her geçen gün artan yüksek verim ve kaliteli üretimi ile gelişmesini sürdürmektedir. Ancak, kaliteli ve yüksek verimli üretim için her geçen gün daha çok enerji ve su kaynağı kullanılması gerekmektedir. Bu açıdan çeşitli araştırıcılar bitkilerin su ve suda erimiş bitki besin elementlerinden daha fazla yararlanmasını sağlayacak çalışmaların ve tekniklerin araştırılması gerektiği konusunda hemfikirdirler. Çalışmamızda, hidrojel olarak adlandırılan su tutucularının fide üretimi ve örtü altı domates yetiştiriciliği açısından kullanımı araştırılmıştır.

Çalışma, yukarıdaki amaç doğrultusunda 2 farklı deneme şeklinde yürütülmüştür. Birinci denemede 3 farklı sebze türü farklı hacimlerde hidrojel - torf ortamında yetiştirilmiş, ortamların fide üretimi ve fide kalitesi üzerine etkisi belirlenmiştir. İkinci aşamada ise örtü altı domates yetiştiriciliğinde perlit – hidrojel karışımları yetiştirme ortamı olarak kullanılmış ve verimlilik üzerine bu karışımların etkisi belirlenmeye çalışılmıştır.

Farklı oranlarda torf hidrojel karışımlarının fide gelişimi ve büyümesine etkilerinin araştırıldığı bu çalışmanın birinci aşamasında, farklı oranlardaki hidrojeller domates fidelerinde yaprak alanı (mm^2), yaprak rengi (hue ve chroma) ve çıkış hızı ve çıkış gücü (%) açısından önemli istatistiki farklılıklara imza atmıştır. Bu farklılık kontrol fidelerinin yani %100 torf ortamındaki fidelerin gelişme ve büyümesinin dolayısıyla kalitesinin diğer uygulamalara oranla daha iyi olduğunun kanıtıdır. Bu açıdan hidrojeller fide yetiştirme ortamı olarak kullanışsızlardır. Benzer şekilde hidrojeller karpuzda da yaprak alanı (mm^2), gövde boyu (cm), yaprak rengi (hue ve chroma) ve çıkış gücü (%) özellikleri bakımından istatistiksel olarak önemli farklılıklar göstermiştir. Bu sebze türünde de kontrol grubu üstün özelliklere sahiptir. Ayrıca, hıyar fidelerinde de yaprak alanı (mm^2), gövde çapı (cm), yaprak rengi (hue ve chroma), çıkış hızı ve çıkış gücü (%) özellikleri açısından kontrol grubunun daha iyi sonuçlar verdiği gözlemlenmiştir. Hidrojeller yüksek oranda su tuttuğundan dolayı genel olarak fideler, hidrojel miktarı artışına bağlı olarak büyüme ve gelişme açısından zayıf kalmışlardır.

Farklı oranlarda hidrojellerin domateste verim özelliklerinin araştırıldığı 2. denemede hacimsel olarak farklı oranlarda ortamlara katılan hidrojellerin verim, kalite, büyüme ve gelişme açısından domates bitkilerine istatistiksel olarak herhangi bir önem seviyesinde etki etmediği tespit edilmiştir. Elde edilen sonuçlara göre, verim açısından hidrojel oranının artışına paralel olarak bitkilerin daha çok strese maruz kaldığı söylenebilir. Diğer yandan, alınan drenaj miktarları değişkenliğinden de hidrojel miktarı artıkça drenaj miktarının da artığı gözlemlenmiştir. Bu da hidrojel katılan ortamlarda daha az su ve gübre ile aynı verim ve kalite değerlerine ulaşılabileceğine kanıt olabilir. Ancak, daha kesin ve detaylı sonuçlar için bu çalışmaya benzer denemelerin planlanması gerekmektedir.

KAYNAKLAR

Akbaşak H., Koral P.S., 2014. Çeltik Kavuzunun Hıyar Fidesi Yetiştirme Ortamı Olarak Kullanım Olanaklarının Araştırılması. Namık Kemal Üniversitesi. *Tekirdağ Ziraat Fakültesi Dergisi*, 11(1), 1302-7050.

Altay A., 2010. Tarımda Su Tutucu Olarak Kullanılan Hidrojelin Farklı KNO_3 Çözeltilerindeki Fiziksel Özelliklerinin Belirlenmesi. Toprak ve Su Kaynakları Araştırma Enstitüsü Müdürlüğü, Eskişehir.

Anonim 2015. http://www.sony.co.uk/support/en/content/cbt-tut/shared/about-color-management/slt-a99v (Erişim: 10.05.2015).

Barihi R., Panahpour E., Beni M.H.M., 2013. Super Absorbent Polymer (Hydrogel) and Its Application in Agriculture. *World of Sciences Journal*, 2307-3071.

Bowman D.C., Evans R.Y., Paul J.L., 1990. Fertilizer Salts Reduce Hydration of Polyacrylamide Gels and Affect Physical Properties of Gel-Amended Container Media. *J. Amer. Soc. Hort. Sci.*, 115: 382–386.

Bres W., Weston L.A., 1993. Influence of Gel Additives on Nitrate, Ammonium and Water Retention and Tomato Growth in a Soilles Medium. Department of Horticulture and Landscape Architecture, University of Kentucky, Lexington, KY. *Hortscience,* 28 (10): 1005–1007.

Cachorro P., Cerda A., 1994. Implications of Calcium Nutrition on The Response of Phaseolus Vulgaris L. To Salinity. *Plant and Soil*, 159, 205-212.

Carelli B.P., Gerald L.T.S., Grazziotin F.G., Echeverrigaray S., 2006. Genetic Diversity Among Grazilian Cultivars and Landraces of Tomato Revealed by RAPD Markers. *Genetic Resources and Crop Evaluation*, 53: 395-400.

Çinkılıç H., 2008. Farklı Organik ve İnorganik Ortamlarda Hıyar Fidesi Üretimi. Namık Kemal Üniversitesi. *Tekirdağ Ziraat Fakültesi Dergisi*, 5 (2).

Day D., 1991. Growing in Perlite, Grower Digest No.12, Grower Pub. Ltd., London. Pp:36.

Demiral M.A., 2000. Bir Topraksız Kültür Ortamı Olarak Torf. *Batı Akdeniz Araştırma Enstitüsü Derim Dergisi*, Cilt 17, Sayı 1.

Demirkıran A.R., Cengiz M.Ç., 2011. Değişik Organik Materyaller (Gidya, Alsil, Deniz Yosunu, Hümik Asit, Yosun ve Torf) ile Kimyasal Gübre Uygulamalarının Antep Fıstığı (Pistacia vera L.) Fidanı Üzerine Etkilerinin İncelenmesi. *Bingöl Üniversitesi Fen Bil. Dergisi*, 1 (1), 43-50.

Demirsoy M., 2004. Farklı Fide Ortamlarının Domates, Biber, Patlıcan ve Hıyar Fidelerinin Büyümesine Kantitatif Etkileri Üzerine Bir Araştırma. Ondokuz Mayıs Üniversitesi Fen Bilimleri Enstitüsü Bahçe Bitkileri Anabilim Dalı, Samsun. Yüksek Lisans Tezi.

Durukan A., 2004. Bazı Sebze Türlerinde Fide Yetiştirme Ortamı Olarak Tütün Tozu Kompostunun Saf ve Değişik Oranlarda Kullanılabilirliği. Gaziosmanpaşa Üniversitesi Fen Bilimleri Enstitüsü Bahçe Bitkileri Anabilim Dalı, Tokat. Yüksek Lisans Tezi.

Ece A., Ulukan İ., 2011. Doğu Anadolu Bölgesinde Bulunan Bazı Torf Materyallerinin Domateste Fide Kalitesi ve Verim Özelliklerine Etkilerinin Belirlenmesi. *Bahçe*, 40 (1): 1-7.

Ekmekçi A., Pulat M., 2012. Jelâtin-Kitosan Hidrojellerin Şişme ve Bozunma Davranışlarının İncelenmesi. 4. Ulusal Polimer Bilim ve Teknoloji Kongresi, Çanakkale. 13.

El-Hady O.A., Tayel M.Y., Lofty A.A., 1981. Super Gel as a Soil Conditioner II-its Effect on Plant Growth, Enzymes Activity, Water Use Efficiency and Nutrient Uptake. *Acta. Hort.* (ISHS), 119:257-266.

El-Hady O.A., Camilia Y. El-Dewiny, 2006. The Conditioning Effect of Composts (Natural) or / and Acrylamide Hydrogel (Synthesized) on a Sandy Calcareous Soil. Growth Response, Nutrients Uptake and Water and Fertilizersuse Efficiency by Tomato Plants. Department of Soils & Water Use. National Research Centre, Dokki, Cairo, Egypt.

El-Hady O.A., Wanas Sh.A., 2006. Water and Fertilizer Use Efficiency by Cucumber Grown under Stress on Sandy Soil Treated with Acrylamide Hydrogels. Department of Soils and Water Use. National Research Center, Cairo, Egypt.

Ellis R.H., Roberts E.H., 1980. Towards a Rational Basis for Testing Seed Quality. In: Hebblethwaite, P.D. (Ed.), *Seed Production*. Butterwooths, London. 605-645.

FAO, 2013. http://faostat3.fao.org/browse/rankings/countries_by_commodity/E (Erişim: 08.07.2015).

Fidebirlik, 2015. http://www.fidebirlik.org.tr/Default.aspx?tabid=62 (Erişim: 02.07.2015).

Foster W.J., Keever G.J., 1990. Water Absorption of Hydrophylic Polymers (Hydrogels) Reduced by Media Amendments. Department of Horticulture Alabama Agricultural Experiment Station labama Agricultural Experiment Station Auburn University, Auburn, AL. *J. Environ. Hort*, 8(3): 113-114.

Gençtan T., Tugay M.E., Geçit H.H., Bozkurt B., Ergun E., Ekiz H., Yalvaç K., Gevrek M.N., Elçi A., Balkan A., 2004. Türkiye'de Tohumluk, Fide ve Fidan Üretimi ve Kullanımı. http://www.zmo.org.tr/resimler/ekler/4306d99c63613fa_ek.pdf?tipi=14. Erişim: 02.07.2015.

Grandillo S., Zamir D., Tanskley S.D., 1999. Genetic Improvement of Processing Tomatoes: A 20 Years Perspective. *Euphytica*, 110: 85–97.

Gümüşderelioğlu M., 2002. *Bilim ve Teknik Dergisi,* 2002 Temmuz Sayısı. Tübitak (8).

Günay A., 1992. *Genel Sebze Yetiştiriciliği,* Cilt 1. Ankara Üniversitesi, Ziraat Fakültesi, Bahçe Bitkileri Bölümü, Ankara., 2.Baskı, S.86.

Günay A., 2005. *Sebze Yetiştiriciliği*, Cilt 1. Meta Basımevi, İzmir.

Hoffman A.S., 2002. *Advanced Drug Delivery Reviews*, 43, 3–12.

James E.A., Richards D., 1986. The Influence of Iron Source on The Water-Holding Properties of Potting Media Amended with Water Absorbing Polymers. *Scientia Hort*, 28: 201-208.

Johnson M.S., Piper C.D., 1996. Cross-linked, Water-Storing Polymers as Aids to Drought Tolerance of Tomatoes in Growing Media. Industrial Ecology Research Centre. School of Biological Sciences, University of Liverpool, Liverpool L69 3BX. England.

Koudela M., Hnilička F., Svozilová L., Martinková J., 2011. Cauliflower Qualities in Two Irrigation Levels with The Using of Hydrophilic Agent. Czech University of Life Sciences Prague, Faculty of Agrobiology, *Food and Natural Resources*, Kamýcká 129, 165 21 Prague 6, Czech Republic.

Kurt S., Baran B., Sarı N., Yetişir H., 2002. Physiologic Reces of Fusarium Oxysporium F.Sd.Melonis in Southeastern Anatolia Region of Turkey and Varietal Reaction to Reces of the Pathogen. *Phytoparasitica*, 30: 395-402.

McGuire G.R., 1992. Reporting of Objective Color Measurements. *HortScience*, Vol. 27 (12), 1254-1255.

Naeem M.A., Rashid M., Hussain A., 2004. Water Holding Capacity of Soil and Yield of Bitter Gourd as Affectedby Synthetic Polymers. *Pakistan Journal of Soil Science*, V. 23(1-2), p. 95-102.

Peppas N.A., Bures P., Leobandung W., Ichikawa H., 2000. *European Journal of Pharmaceutics and Biopharmaceutics*, 50, 27-46.

Ratner B. D., Hoffman A.S., 1976. ACS Symposium Series, Vol. 31. Chapter 1, p 1.

Sanchez F.J., Andres E.F., Tenorio J.L., Ayerbe L., 2004. Growth of Epicotyls, Turgor Maintenance and Osmotic Adjustment in Pea Plants (Pisum sativum L.) Subjectedto Water Stres. *Field Crops Research*, 86: 81-90.

Sevgican A., 2003. *Örtüaltı Sebzeciliği (Topraksız Tarım)*. Cilt II. Ege Üniversitesi Ziraat Fakültesi Yayınları. Bornova, İzmir.

Tandoğan S., 2000. Türkiye'de Hazır Fide Üretimi ve Mevcut Kapasite. Ege Üniversitesi Ziraat Fakültesi Bahçe Bitkileri Bölümü. Basılmamış Diploma Tezi. Bornova, İzmir.

Tigchelaar E.C., 1986. Tomato Breeding. *Breeding Vegetable Crops* (M.J. Bassett ed.), pp. 135–171. Avi Publishing Company, Inc.Westport, Connecticut.

TÜİK, 2015. Bitkisel Üretim İstatistikleri. http://www.tuik.gov.tr/PreTablo.do?alt_id=1001 (Erişim: 07.07.2015).

Türkan İ., Bor M., Özdemir F. ve Koca H., 2005. Differantial Responses of Lipid Peroxidation and Antioxidants in the Leaves of Droutght-Tolerant *P. acutifolius* Gray and Drought Sensetive *P. vulgaris* L. Subjected to Polyethylene Glycol Mediates Water Stres. *Plant Science,* 168; 223-231.

Tüzel, Y., Özçelik A., 2004. Recent Trends and Developments in Protected Cultivation of Turkey. International Workshop on "*La Produzione in Serra Dopo L'era Del Bromuro Di Metile*", Catania/Italya, Pp. 189-198.

Tüzel Y., Gül A., Öztekin G.B., 2008. Recent Developments In Protected Cultivation In Turkey. *2nd Coordinating Meeting of the Regional FAO Working Group on Greenhouse Crop Production in the SEE Countries*, Antalya, P:75-85.

Varış S., 1991. Perlit Torba Kültürü Uygulama Kılavuzu. Trakya Üniversitesi Ziraat Fakültesi Bahçe Bitkileri Bölümü (Broşür).

Vural H., 1998. Endüstriyel Amaçlı Sebze Üretiminin Sorunları, Çözüm Önerileri. *Ege Bölgesi I. Tarım Kongresi*, 7-11 Eylül 1998. Aydın. 1. Cilt 127-131.

Vural H., Eşiyok D., Duman İ., 2000. *Kültür Sebzeleri (Sebze Yetiştirme)*, Ege Üniversitesi Basım Evi, Bornova, Izmir.

Wang Y.T., 1987. Driving Your Soil to Drink. *Greenhouse Manager*, 6(3): 115-120.

Wang Y.T., Gregg L.L., 1990. Hydrophilic Polymers-Their Response to Soil Amendments and Effect on Properties Os a Soilless Potting Mix. *J. Amer. Soc. Hort. Sci.*, 115(6): 943-948.

Yelboğa K., 2014. Tarımın Büyüyen Gücü: Fide Sektörü. *Bahçe Haber*, 3(2): 13-16.

Yücel S., Pala H., Sarı N., Abak K., 1998. Determination of Fusarium Oxysporium F.Sp. Niveum in the East Mediterranean Region of Turkey and Response of Some Watermelon Genotypes to the Disease. *Turkish VIII Phytopathology Cong*. Ankara, Turkey. Pp:14-18.

ÖZGEÇMİŞ

KİŞİSEL BİLGİLER

Adı Soyadı: Hakan ERASLAN

Doğum Yeri: Bandırma

Doğum Tarihi: 22.10.1991

EĞİTİM DURUMU

Lisans Öğrenimi: Çanakkale Onsekiz Mart Üniversitesi Ziraat Fakültesi Bahçe Bitkileri Bölümü

Yüksek Lisans Öğrenimi: Çanakkale Onsekiz Mart Üniversitesi Ziraat Fakültesi Bahçe Bitkileri Anabilim Dalı

Bildiği Yabancı Diller: İngilizce

İLETİŞİM

E-posta Adresi:hakaneraslan17@gmail.com

FSC
www.fsc.org
MIX
Papier | Fördert gute Waldnutzung
FSC® C083411

Kolibri 360 GmbH
Ferdinand-Jühlke-Straße 7
99095 Erfurt, Deutschland
produktsicherheit@kolibri360.de

Druck:
CPI Druckdienstleistungen GmbH
im Auftrag der
Kolibri 360 GmbH
Ferdinand-Jühlke-Str. 7
99095 Erfurt